U0183604

李继强 著

食见生活

华中科技大学出版社
http://www.hustp.com
中国·武汉

图书在版编目(CIP)数据

食见生活 / 李继强著. —武汉：华中科技大学出版社，2022.10（2022.12重印）
ISBN 978-7-5680-8619-6

Ⅰ.①食… Ⅱ.①李… Ⅲ.①饮食—文化—中国 Ⅳ.①TS971.2

中国版本图书馆CIP数据核字（2022）第160139号

食见生活
Shi Jian Shenghuo

李继强 著

策划编辑：尤博剑 娄志敏

责任编辑：章 红

封面设计：刘林子

责任校对：李 琴

责任监印：朱 玢

出版发行：华中科技大学出版社（中国·武汉） 电话：（027）81321913
　　　　　武汉市东湖新技术开发区华工科技园 邮编：430223

印　　刷：湖北新华印务有限公司

开　　本：880mm×1230mm　　1/32

印　　张：9

字　　数：137千字

版　　次：2022年12月第1版第2次印刷

定　　价：56.00元

我很开心地看到，越来越多的人喜欢从美食里寻找生活的乐趣，并思考其中的内涵。当你将书中的观点细心品味、耐心消化时，它终将成为滋养你生命的养分。

食见生活 序

庆幸自己的一生似乎注定和吃分不开。不仅喜欢吃美食，还教人做美食；不仅讲美食，还在写美食。对我来说，关于美食总有聊不完的话题。美食就是我们万千姿态的生活的一部分，我们从不同的角度理解它，也对自己的生活多一些理解和包容、坦然和变通。

本书从美食的原点出发，用独有的视角，围绕美食的日常和热点问题，通过对与我们生活息息相关的吃事发问和思考，从生活的高度审视美食的点点滴滴。通过对美味的真切感知，让我们不仅有了对美味纵情的享受，更能从中修炼生活的本心，洞见生活的真谛。

　　《食见生活》是《吃的智慧》的姊妹篇。《吃的智慧》当时因篇幅所限，有些文章没能收录。又有读者期待我再出新书，于是我把自己近两年来围绕吃这件事的思考、感受、期望，都写进了这本《食见生活》之中，以飨读者。

　　人生最质朴的风景，莫过于平凡人过着平凡的生活，在田野市井里悠然地穿行，在烟火气里品味人生。"60后"的我们，经历过三年自然灾害的影响，感受过吃不饱的困扰。猪油和酱油拌饭，曾是那个年代的味觉记忆。而经历过那个饥饿年代的我们，大多对吃有着永不满足的胃口。正是因为对美味的追寻无法停止，故用文字记录下来，可以和大家一起，反复解馋。而每当我在文字里自由驰骋时，便觉得是把快乐传递给了更多的人，那种内心的满足和喜悦也是无以言表的。

世界上最治愈的东西，第一是美食，第二是文字。能将两者结合起来，真是一件幸事。文学可以让人在思想里沉醉，但美食需要品鉴，不会吃的人，绝无谈论的资格。食物是有灵性的，美食是有趣味的，写出来的美食文章一定也要趣味横生，否则不如直接品尝美味。写作就如煲汤，以对读者负责的态度，用真心熬煮出美味，绝不添加"味精"。因为只有感动了自己的味道，才能感动别人。

本书力求以诙谐自由交谈的风格，将日常的生活炖煮在看似清淡、实则早已入味的美味之中，让你在静默的"食光"里，慢慢享受味道的悠长。

《食见生活》是我继《厨师手册》《吃的智慧·食

亦有知味犹长》之后的又一部著作。从美食技艺到美食方法，再到美食审美和精神的体现，彰显的是时代的进步和人们对美好生活的追求。书中没有试图讨好谁的描述，倒有些"食话食说"的坦诚。平实质朴的语言，从食入口，更多是对世事的回味。期望大家能从《食见生活》里生发洞见生活的眼光，愿这种眼光能给我们多一点前行的力量，让岁月静好，让我们的生命迸发出自然真性的璀璨之光。

本书在成稿过程中，得到出版社同志的精心校审和许多朋友的无私帮助指导。尤其是湖南书法家龙育群老师欣然为本书封面题书，"食见生活"四个字沉稳刚劲，尽显儒者韵味。还有年轻美术教师张睿栖老师，热忱为本书绘制插画。她细腻的笔触、唯美的画风，很好地表达了食物的灵魂和美食的意境。在此对大家的帮助和支持一并表示深深的感谢。

美食在生活中的价值不可小觑，一个人要是没有在生活中品味酸甜苦辣咸，他的人生或许缺少点"味道"。西方学者卢梭在《爱弥儿》中说："生活并不是呼吸。"活着不是生活，有追求地活着才是生活的模样。而《食见生活》从美食中找寻生活的意义，不也是在寻找一种生活的视角和眼光吗？有了这种眼光，借助思想的力量，可以让我们更好地洞见生活。

　　美食是稍纵即逝的艺术，只有从内心对美食感到满足和感动，才有可能把美味变成文字。《食见生活》力图将美食和生活更接地气和走心地镶嵌，毕竟将生活嚼得有滋有味，把日子过得活色生香，靠的不仅仅是嘴，还有一颗浸透人间烟火的心。如果你在茶余饭后、旅行途中，捧读《食见生活》，或者和家人一起共读时，被那迷人的味道吸引，若在掩卷之后，仍感到余味犹存，那就是我再期待不过的事情了。

2022年4月1日于金银湖畔

明月如霜，好风如水，清景无限

苏轼《永遇乐》

目录

食见生活

第一章　洞见食物

从食物的原点出发，多角度地理解食物和人的关系。当我们发现食物中融入的习俗和文化时，我们对为什么吃就理解更深，对生活感悟也就更真。

第二章　美味心经

美食的滋味也是生活的韵味。它直抵人心，用味蕾唤醒我们生命的欢愉。那触动人心的味道，构成了我们的美食圣经。

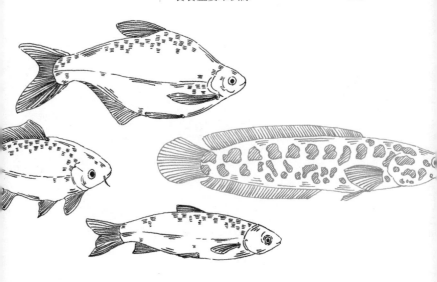

第三章 食中修行

　　食物中蕴含着大千世界，烹饪中也蕴含
着万种乾坤，做菜也是一种修行。当以一个修
行者的姿态对待美食，那美食不仅能治愈自己，
更能让人以一颗安静的心与世界相待。

第四章 食无止境

对食物的咀嚼可以感受其中的味道，对生活的咀嚼才能体味生活的真谛。对待食物的态度就是对待生活的态度。品过美味佳肴，看清世间真相，人生不再迷茫。

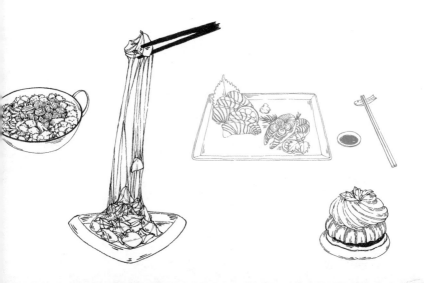

　　从食物的原点出发，多角度
地理解食物和人的关系。当我们发
现食物中融入的习俗和文化时，我
们对为什么吃就理解更深，对生活
感悟也就更真。

▼ ▼ ▼

第一章　洞见食物

食色，性也

这是个看起来就会激发荷尔蒙的话题。食色，性也，语出《孟子·告子上》中孟子与告子的辩论。告子曰："食色，性也。"告子认为，人，生而为性，饿了就吃，困了就睡，这都是人的本性，无所谓善或不善。而孔子在《礼记》中讲的"饮食男女，人之大欲存焉"，则倡导以礼来教化和约束人的行为，所以食和性实际上也是一个严肃的人生问题。

著名的美国社会心理学家马斯洛把人的基本需求分为五个层次，分别是生理需求、安全需求、社交需求、尊重需求和自我实现需求。首当其冲的生理需求中就包含了食和性。弗洛伊德认为性囊括几乎所有追求快乐或

获得满足的冲动。按照广义的理解，性欲从人一出生起就开始起作用，而不是到青春期才产生。可以说食和色代表的食欲和性欲，伴随着人的一生。人们从咿呀学语开始的食欲需求，到青春岁月的性欲萌生，再到晚年光景的落寞，人的一生仿佛无时无刻不在进行着对食欲、性欲释放和控制的身心斗争。

"食色，性也"，食和色有着千丝万缕的联系。

有趣的是，当人感到饥饿的时候，身体血糖降低，大脑神经就会发出要吃东西的信号。而人有了荷尔蒙的刺激，就会有性反应，这都是自然而然的事情。最新的科学研究显示，人在选择食或性的时候，肯定是先解决"食"的问题，而人一旦进食富含蛋白质的食物，会触发肠道营养特异性神经肽激素的释放，就会优先求爱的欲望而不是食欲。人们常说的"饱暖思淫欲"还是有一定道理的。

人为了生存必然要吃，生命的延续必然有性。食和色是人类的基本追求，人类由杂交、群婚到一夫一妻制这个过程说明，人的性的观念是不断变化的，并使之符合社会道德规范的要求和文明进步的需要。食物也是一样，食物的品种、烹调方法和饮食观念也是在文化的融合中不断发生变化。如果一个人能穿越时空，虽然同样具有食和色的本能，但食和色因文化背景的不同，时代的不同，对食和色的味道和感受也会大为不同。比如，如果你穿越到秦朝，你对店小二说："打尖①！来碗西红柿鸡蛋面。"店小二可能会不知所云，因为面条要到宋朝才有，而南美洲的西红柿明朝末年才传到中原。

---

① 打尖：打发舌尖之意，多指旅途中的便饭。

人对美食的渴求，就像对爱情的渴望一样强烈。

鲜辣的过桥米线里有爱恋的故事，香甜苦醇的提拉米苏里有爱情的味道，气味相投的芹菜香干中也有夫妻的情怀。人们把一道道美食和情爱相连，爱情生活的酸甜苦辣也好，甜蜜幸福也罢，爱情的味道在舌尖绽放，那种食和性的暗示，定能唤醒味蕾，一吃就能触动你柔软的内心。有人用嫩豆腐来形容妙龄女郎，用调味不和谐的味道比喻香粉涂饰太多的作态女人。《金瓶梅》里，"食"比"色"写得更勾魂。比如，干蒸劈晒鸡、油炸烧骨、银苗豆芽菜、春不老炒冬笋、黄芽韭和海蜇、馅饼、玫瑰饼、果馅椒盐金饼、丁皮饼、糖薄脆、香茶桂花饼、玫瑰八仙糕……据说书里共提到100多种菜肴。

食色，性也，食和性是天性的自然释放。美国作家伊莎贝尔断言："食欲与性欲，是社会发展的两大推动力。"食色，性也，是人类一切活动的源动力，彰显着人类生活的重要意义。在爱情和美食面前，人性会爆发出那份坦诚自我、欲罢不能的真性。爱情可能会枯萎，而食欲，只要是健康的人，都会伴随一生。性的压力会导致懊恼、郁闷、焦虑，但不至于要命，但吃不饱却是会要命的。有趣的是，人在食上更容易"喜旧厌新"，而在性上可能会偏向"喜新厌旧"。

贾平凹先生曾说："如果酒色都不心动，生命岂不到了尽头。"说明人有食欲和性欲是再正常不过的事情。但人不仅有欲望，更有伴随欲望的理性，理性是社会道德和文化规范的积淀。"欲不可绝，欲当则理。"欲望的激发，如奔腾的江河，如不加以合理约束，会把自己带入痛苦的深渊。

吃是认识美的开始

美是从吃这件事情上发端的。东汉语言学家许慎在《说文解字》中说："美，甘也，从羊大，羊在六畜主给膳也。"段玉裁在《说文解字注》中进一步解释："羊大则肥美。"这是古人"以羊大为美"的愉悦情感，也是人类精神追求的美感表达，更是美的发端和由来。

美食之美，能让心情舒畅，它带来的不只是饱腹感，更多的是幸福感。无论是天时地利的天地之美，还是知人识人的辨人之美；无论是闲赏雅集的器物之美，还是修身养性的德行之美，无论是文人雅士的文字之美，还是美食品味的饮食之美，都是中国生活美学的智

慧体现和生活态度的表达。

2020年底，我在浙江大学讲美食文化课。在谈到美食之美的时候，我播放了一个杭州"80后"小伙做的"松风听香"晚宴视频，唯美的画面，精美的食物，打动了一位来自大山的女学员。她按照视频中提及的地点，搜寻百度地图上山，居然在杭州的山上找到了这家餐厅。餐厅主人听说来意，热情接待了她。我被她的热情所感动，更赞叹被美所打动的人心。

从某种意义上来说，美味留驻人心的往往不是其色香味，而是食物落在人心里的感觉。正如外婆烧的菜、妈妈烧的菜，常常比大厨们烧的菜更让人喜欢和回味。不是因为她们烧出来的菜色香味更佳，而是她们倾注在食物里的情感更多。这些情感，无可替代，是美食之美的至高境界。美食之美，不仅仅是口腹之欲的满足，更有人因食而产生幸福之感。

生活美学不仅体现在生活方式上，也是全球美学的新思潮，更是追求美好生活的幸福之道。美就像阳光和空气，常常给人一种稍纵即逝的感觉。世间并没有天生自在、俯拾即是的美，凡是美都要经过心灵的创造。而美食之美似乎更能体现生活美学的这一特点，美食里总能传达愉悦和幸福。

美食中有风花雪月的意境美，就像葱烧海参，松针点缀黝黑的海参，在芡汁的点缀下，犹如一副中国山水画；白色的惊蛰梨搭配苋菜的淡红色，很好地印证了唐代刘兼的《海棠花》里所说"淡淡微红色不深"的意境。而苏东坡的"竹外桃花三两枝，春江水暖鸭先知。蒌蒿满地芦芽短，正是河豚欲上

时"，这首七言绝句里写了春天的竹笋、肥鸭、野菜、河豚，真可谓是一句一美食。春季美食，每一口都有诗和远方。自古以来，人们对珍馐美味的热爱和对生活的赞美，无不让美食的意境美发挥到极致。

美食里也有舌尖味觉的意境之美。比如，吃到西班牙5J橡树果火腿，那薄如蝉翼的火腿肉，其咸香油脂的香气可以抵上一年到头来生活的艰难和虚无；潮汕销魂的牛肉火锅，人神共享的美食，唇齿间膏体融化的生腌膏蟹，都是舌尖的念想。那味道早已经从舌尖走到心间，那味道是那样的动人心弦，回味无穷。

美食之美，重在一个美字，展现中国人在吃上的创造和想象力的丰富。吃中国菜，不仅可以一饱口福，一饱眼福，还可以从感情上得到一种美的艺术享受。当我们读懂每道美食背后的文化之美时，或者会会心一笑，或者会生发更深的感受。

中国人在饮食方面讲究"色香味俱佳"。食物和艺术之间，一直存在着密切关联。古今中外，从古代壁画的宴饮图，到近现代国画大师齐白石笔下的白菜与虾；从达·芬奇的《最后的晚餐》到毕加索的《桌面上的面包与水果盘》，许多的艺术家在食物上表达了他们的艺术实践与美学观点。

生活美学的核心主张，就是倡导每个人都成为生活艺术家，而美就在人们的衣食住行之中，在一顿饭、一杯茶、一首动听的乐曲里。美能让人快乐起来。一顿丰盛宴席能给人美的享受，一碗暖心暖胃的小粥也能让人感受到美。我在《吃的智慧》一书中写到画家马元的美食主张，就是生活要艺术化。他认为生活的艺术才是大艺术，以至于他的每一碗面，不是有阳光的衬托就是有葱花的点缀，他的每一道菜，都体现他自己的理解和热爱，连情感都成为他的调味品。这些情感，无可替代，亦是美食之美的至高境界。

爱美才会赢。美能让生命更有竞争力。美食是一种时尚，也是一处江湖，更是唤醒灵魂的独特方式。人对美的追求是精神世界的延伸，吃是认识美的重要开始，做好吃这件事，可以收获更多被我们忽略的美好。

吃的慎重其事

　　小时候，随手一根生胡萝卜吃起来甜津津，番茄酸甜多汁，但这种味道似乎成了儿时的记忆。现在有机食物成为人们餐桌上的新宠，有机食物的味道，特别是蔬果，有时的确比一般蔬果的味道好。有机玉米，香甜可口，脆嫩多汁；有机番茄，味道甜润，酸味自然。有时吃有机番茄，吃到黄绿相间的多汁的内囊，一股清新自然的味道扑鼻而来，很有小时候吃过的味道，而它们的颜色还不是很红；而一般番茄，有时红得让人喜爱，却不一定好吃。所以我们在吃上需要多一点辨别的功夫。

　　从食品安全角度出发，人们要求食材具有时令性、本地产的特征。符合这些特性的野生食材受到大家的追

捧。但是辨认野生食材是需要训练的。野生的财鱼，大多身材细小点，颜色深一点，鱼头里面有黄色的油脂。野生的鸡鸭也是人们喜爱的难得的土货。野生的鱼类价格悬殊，大连渤海湾的野生带鱼，银色，肉厚，油润，吃起来那叫一个销魂，价格自然也不菲，一斤要100多元，而平常的近海带鱼，价格大多在一斤30元左右。东海的野生黄鱼也是一样价格"美丽"。有人说，野不野生，去餐厅不一定会认，但结账时的价格一定会告诉你：高得离谱的一定是野生的。不过野生并非都是自然散养的，一些圈养的、没有施肥或加人工添加剂的食材，都被商家冠以"野生"。好吃的，贵的，好像都是野生的代名词。野生有时成了噱头，活在菜市场的"野生"二字，更像是烟火里的一种寄托，寄托着人们对野生的向往。

我喜欢吃鱼，大小黄鱼换着买来吃，大多以红烧为主，煎炸的也有。一次老板说，野生的50元一斤，而人工饲养的20元左右一斤，个头还很大。看来野生的都娇小点。我好奇差别到底有多大。买来一吃，初品时口感差不太多（可能是我烧鱼的手艺太好了）。不过野生的黄鱼口感更细腻点，这是毋庸置疑的。人大多有刁钻的一张嘴，很多时候，都是为那张嘴的一点点舒适，而付出更多的代价。

有机的食物也好，野生的食材也罢，都要遵循自然生长的规律，讲究的是不时不食。深海冷水里的海鲜生长缓慢，滋味自然好了许多。许多地方粮食一年两季，而东北的大米，一年一季，生产周期长，自然滋味悠长。有机、有爱的味道，才是大自然的味道。吃好，在现代社会中，是一种生活品质的体现。希望在吃这个问题上，别因为有机食物的价格不太亲民而把人推开，也不要因为有机食物的安全问题让人敬而远之，因为人们需要的是安全的美味。

随着生活水平的提高和人们健康意识的增强，大家选择吃什么的时候，也会对为什么吃产生思考，因为它关乎我们生活的意义。

不吃会饿是一种粗浅的理解。任何人的筋骨与血肉，都离不开食物的滋补。吃是生命的一部分，既是细胞生长的需要，更构成了我们生命的每一天。日本九十多岁高龄的辰巳芳子说："吃东西就等于人的呼吸，包含在生命的结构之中。每一餐都是生命的刷新。"寥寥数语，简单明了地阐述了吃的意义。

　　中国人对吃甚至比对宗教更加虔诚。木心先生说过，人来到这个世上，就是要爱最爱的，听最好听的，吃最好吃的。正是因为注重吃的这种文化，使得我们对吃保持着极大的热情，也让我们和自然发生着紧密的联系。在弄清楚为什么吃比吃什么更重要后，我们更懂得幸福就在于踏踏实实地吃好一日三餐。哪怕是一个人生活，也要好好吃饭，因为这样可以形成良好的生活习惯。在三餐中，安定内心，取悦自己，找回对生活的热情。

　　吃是每个人一辈子的大事。林语堂先生说："人世间如果有任何事值得我们慎重其事的，不是宗教，也不是学问，而是吃。"吃是生命对于美食孜孜不倦的探寻，更是丰满和缔造人生理想生活的一部分。你越对人生有所期待，人生便越美好。我相信人一生最好的时光还在后头。

美味总在一见钟情时

美味的发生，往往总是不经意间的一见钟情。

当和美味发生碰撞的时候，那种感受好像发现了新大陆一般的激动，仿佛全世界都是我的，因为我爱上了它，它也喜欢上了我。美味像一股温暖的春风，激荡心海爱的波澜，像一片轻柔的云彩，俘获我多情的味蕾。那种魂牵梦萦的魔力，让人心甘情愿被它打动。

人的一生中，吃过的美味一定很多，美味在世界的每个角落发生着，但能留驻心底，让你感动的一定不会太多。它们大多会被遗忘，能被你记起的，一定是让你一见钟情的美味。

第一次让我一见钟情的美味，是已经离开我们的湖北元老级烹饪大师李炎林大师亲手做的紫菜肉丝蛋花汤。对湖北人来说，排骨藕汤是逢年过节的大菜，平日里大家喜欢冬瓜肉丝汤、番茄蛋汤，我们常称为小汤。而李大师的紫菜肉丝蛋花汤，让我从平常的汤品中，尝出了不一样的味道。我们一般做汤很少放醋。李大师在汤做好的时候，却将醋倒一点在勺中，放进汤里，鸡蛋的黄、葱花的绿、紫菜的黑紫，在淡黄色的酱油里，好像凡·高的印象派画作一样。端上桌品尝一口，那纯正的咸鲜微酸的味道，不禁令人胃口大开，仿佛和汤的灵魂来了一次对话，那美味至今无法忘怀。而只要我想起这道美味，就会怀念起李炎林大师那和蔼可亲的音容笑貌。

也曾和朋友去过温州的洞头，海腥味是这座城市的味道，海产就是其灵魂之所托。一道凉拌海参，颠覆了我的味蕾，让我记忆犹新，回味良久。

海参，是生活在海边至8000米远海洋的棘皮动物，这"刺头"是活了6亿多年的妖怪！海参同人参、燕窝、鱼翅齐名。因做法不同，海参呈现不同的口感，或者Q弹有韧性（类似于猪皮），或者软糯。海参本身不是很腥也不是很鲜，就跟木耳和银耳一样，本身没有什么味道，它最终的味道要依靠汤汁或者酱汁来提味。海参很少用来做凉拌菜。在温州，却用球参来凉拌。球参爽脆可口，与洋葱合拌在一起，味道咸鲜，有细微的酸甜，微辣。仔细感受，这种辣味像是芥末酱的辣，那直率的辣搭配上口感脆爽的球参，让人的味觉直上巅峰，不仅让人一见钟情，更有种痛快淋漓的酣畅。

　　美食达人敏锐味蕾常在开启的状态，而与美味的碰撞往往是不经意的遇见。记得有次在石家庄讲学，一家人山人海的店引起了我的注意，我知道里面会有不一样

的味道。一道普通的萝卜丸子，竟吃出了自己家乡的黄焖肉圆的味道，至今还让人久久回味。

萝卜这种再平常不过的食材，做配角的角色，怎么成了主菜？带着好奇，我点了一盘。不同于家常的萝卜和肉炸成的圆子，这家的萝卜圆子是白汁的，轻咬一口，萝卜里的鸡肉给人满口的荤鲜，而萝卜的辛香又恰好平衡了荤香的漫延，这种让人荤一下又素一下的口味，使平淡食材产生新奇的变化。联想到家乡的黄焖肉圆的荤香，吃着有萝卜清香加持的美味，仿佛是熟悉的家乡味道，让人越吃越上瘾，有种不忍停下来的幸福快乐，大有"与君初相识，犹如故人归"的感受。

有时对自己的味蕾太丰富感到无奈，遇到美味的机会仿佛比别人更多一点。遇到能将人征服的一道菜就已经很难得，而能把人吃得神魂颠倒的一桌菜就是可遇不可求的了。

应黄梅朋友之邀，在一家地道的黄梅菜馆品尝到了乡情满满、乡土味浓郁的黄梅菜。传统喜庆的芋头圆子香气扑鼻；腌辣椒蒸鲫鱼滋味交融；酸菜鱼杂令人味蕾大开；高粱糍粑干爽香甜；豆腐鳜鱼汤的汤汁浓稠，鱼肉细腻，豆腐透味；锤肉汤滑肉嫩；苔粉炒肉片干香鲜美；鱼面色白如银，耐煮透明，条细纤丝……一道道土得掉渣的黄梅菜让人不忍停筷，满桌的惊喜真不多见。同行的余老板唱起了久负盛名的黄梅戏，那唱腔淳朴流畅，明快抒情，丰富的表现力，质朴细致，真实活泼！黄梅菜和黄梅戏，厨艺和曲艺，真的有点异曲同工之妙！

　　当我品尝这些美味时，雀跃的舌尖被食物的美味吸引纠缠。那美味美到蚀骨，让人迷恋到极致，让人荡气回肠，让人心旌荡漾。我知道自己已经被美味俘虏了。

饭、粥、面的寄托

　　饭、粥、面是中国人日常生活中再普通不过的食物，但越是简单的食物，越能体现我们美食制作的功夫。各地的风俗不同，饭、粥、面的做法也不一样，但大都融合了当地的文化和习俗，成为人们生活中不可或缺的一部分。像兰州拉面、状元及第粥、腊味煲仔饭等这些连接着千万普通人的大众食物，无不承载着当地的文化和历史。它们因为普通，所以经典；因为大众，所以长盛不衰。

　　各地的饭也是千姿百态。清代袁枚曾说："饭之甘，在百味之上，知味者，遇好饭不必用菜。"人们也常说："好饭不怕晚。"

东北的大米，一年一季，又香又黏，滋味悠长，不像一般大米那样，吃的时候，没有太多的回味。东北大米最令人销魂的时刻，就在饭蒸好、开盖的那一刻，那个香味钻进人的头腔，让人的嗅觉都迟钝了，当你享受完香味，再定睛一看，胖乎乎、油亮亮的大米，可爱至极，让人可以白口吃两碗米饭。或者配点猪油拌着吃，真的是美味至极。而米饭和回锅肉的搭配，堪称经典。世界上没有哪样食物能像米饭一样，让人百吃不厌还如此可口。

我在西班牙吃过知名的墨鱼饭，完全就是没有煮熟的夹生饭的口感，可人家吃得津津有味。饮食文化上的差异，在食物上可见一斑。当一个人相信一件事，可能就会忽略其他的问题。比如药膳，当人们相信食物的药效的时候，它的味道好不好，就是次要的事情了。当西班牙人追求夹生饭口感的刺激的时候，也许饭熟不熟就不是问题了。

在吃上，谁都不想输人一筹。鸡蛋炒饭、黄金炒饭等，因其饭菜交融、香喷喷的味道、颗粒饱满的口感而让人喜爱。

鸡蛋炒饭、黄金炒饭所用的米饭最好用籼米，用籼米做的饭，颗颗精神，粒粒分明，这是黏性强的东北大米所不能企及的。

我对米饭的感受最深的还是广东的煲仔饭和闽南的萝卜饭，一个焦香，一个软绵，都是让人爱不释口的美味。

用米饭做的粥也是那样的令人销魂，这也是中国人的智慧。食材再简单，我们都可以做成极致的美味。而潮汕地区就是粥形成的一片江湖，到处都是粥。砂锅白米，猛火熬制，米粒舒展，米浆的味道融合在一起，缠绕在你的嘴中，让你久久回味。那是生活的味道，更是平常人的奢华。在湖北，喝汤是给客人的最高待遇，在潮汕地区，喝粥也是待客的最高礼遇。潮汕人喝粥，米浆要稠滑，米粒还要有点嚼劲，否则就是不完美的粥品。粥那种平淡的口味，最能抚慰人心。海鲜是潮汕的特产，咸菜是潮汕的味道，而这一切，都被粥一网打尽。在粥中，让我印象最深刻的还是顺德的粥火锅。白米浆的米汤，烫上嫩滑的清远鸡、牛蛙、生鱼片，带着米浆的食材的味道，总能唤起人们对食物本味的记忆，米汤的高温，让食材的加热更为彻底，让嫩的更嫩，让韧的变柔。粥是再简单不过的食物，却承载着人生百味。《浮生六记》中有句"无人问我粥可温"，是啊，有人陪着吃一碗热粥，就是幸福。温暖人心的粥，直入我们的灵魂和生活的底色之中。有人形容夫妻一辈子打不散、骂不走，就像熬成的一锅粥，哪里能分出你我啊！简单的食物，往往蕴含了生活的意义。

东南西北中，各地面不同：江浙的阳春面、蟹黄面，重庆的小面，广东的牛腩面，西北的兰州拉面，中部武汉的热干面……几乎每一个城市都有自己的面，简单的食材，却有万千的变化。在吃面这件事情上，成都人可是动足了脑筋，一年三百六十五天，可以天天不一样，担担面、炸酱面、肥肠面、甜水面、煎蛋面，可以说能做菜的就能放进面里。西北的兰州拉面风靡全国。我特别喜欢西北人，他们把鸡蛋摊成大片的圆形，放在面条上，借助汤的鲜香，让鸡蛋也好吃了许多。

　　有人问我，面条的灵魂在哪里？我只能说，在碗里，因为面条也好，汤也好，少了哪一个，就不是那碗面了。

吃会透露出你的性格

　　天生万物，各有各的性格与秉性，如此才形成了一个五彩缤纷的繁华世界。一个人的性格藏在他的面相里，藏在他的衣品里，藏在他的行为里，更藏在他的饮食习惯里。

　　行为心理学研究应用概率的方法，把人的口味和性格进行统计归纳，并分成不同类别。饮食清淡者，内心向简而生，处事也淡然达观。饮食咸辣者，性格里更彰显出爱憎分明、敢想敢干的特性。坚守内心者会保持不变的口味，从一而终。而在饮食里不断尝试新鲜味道的人，必是一个富于冒险精神，更懂得创造和品味人生的人。似乎每一种口味的食物都对应着某种性格特征。

吃饭的方式可能透露了你的性格

社会政治经济总在改变，各地的饮食习惯却难以改变。北方干燥，北方人喜咸和油重、色深的食物，而南方人喜清淡的食物，和北方饮食习惯的差异显而易见。这种差异在性格上体现为北方人性格豪爽、粗犷，而南方人性格比较温和、细腻。

怎么吃东西，可以反映出一个人的性格特征。有的人吃东西上来就是一大口，酣畅淋漓，追求味觉感知的充盈。这样的人性格多半外向和急躁。小口品，也非故作姿态，小口更能感受味道的层次和细微之处。这样的人多谨慎小心，性格内敛。

总之，一个人无论是高深莫测，或者简单纯一，他遵循内心的感觉和喜好所养成的饮食习惯和口味，总会不自觉地暴露出他的性格特点。当一个人与舒适贴心的食物相遇的时候，大多会忠于内心本能的选择。

在吃中，一个人对味道的选择，也可能反映出他的部分性格特点。心理学研究发现，在多巴胺的影响下，爱吃甜食的人对待生活的态度更积极；而爱吃咸的人，情绪稳定、平和；喜欢吃酸的人大多有事业心，但性格孤僻，不善交际；爱吃苦味能够激发人苦闷和防范的意识；辣味不仅能刺激人的内啡肽和多巴胺，还会提升人的攻击性。难怪有的监狱提供清淡饮食，以降低罪犯的攻击性。对臭味的喜好，说明此类人对味觉有着独特体验，也彰显了其我行我素的性格；而喜欢吃鲜味的人则比较中庸，不太标新立异。

更多的时候，环境也会影响我们对味道的选择。

刘海粟是我国著名国画大师。刘海粟性情随和，在饮食上很少有清规戒律，一点也不挑食。刘海粟说："人家能吃，我也能吃，并无什么戒忌。"他对于烧猪肉、凤尾、生鱼、生虾甚至生牛肉都极为喜爱。有人把刘海粟的"吃经"归纳为十六个字：宽宏达观，宠辱不惊；美食当前，照吃可也。这不正是他性格的写照吗？

性格与饮食喜好关系如此密切，那么通过有意识地选择食物，是否可以逐步地改变或修正一个人的性格呢？据研究，深海鱼、香蕉、全麦面包、葡萄柚、樱桃、大蒜、南瓜、鸡肉都是吃了可以让人健康快乐的食品，对我们积极的性格建立不无帮助。美国心理学家夏乌斯博士在《饮食、犯罪、不正当行为》一书中曾提到一个怪癖少年杰利，他从小多动，难以管教，9岁时曾被管教一段时间，11岁因涉嫌犯罪而被法庭传讯。他按专家的建议控制糖类食物的摄取后，性格明显好转。对于其他的特殊性格特点，调节食物营养组成也能相当程度地改变。所以，如果你想改变自己的某些个性，也可以考虑尝试下其他不同口味的食物。

吃什么可以反映一个人的性格，如何吃同样如此。世界五百强的某些企业，很早就敏锐地看到了这一点，开始在员工求职面试中运用吃的方法来帮助鉴别。比如，福特公司的沙拉面试，通过求职者吃沙拉的动作（是上来就吃，还是先试试咸淡再吃）来了解求职者是否具有谨慎、逻辑或主观等特性。职场上你吃饭的方式，透露了你的内涵、视野、格局和性格。

吃什么不仅仅是一种现象，更是人的一种行为，离不开其背后心理层面因素的影响。有温度、有色泽的美食，更能激发一个人对生活的热爱。美食就像一面镜子，可以照见一个人的心灵，照见他性格里的沟壑。

茶食的原心

有人喝了一辈子的茶，总感觉没有悟出道来。有时候，我们虽然在喝茶，其实心不在茶上，能够静心地喝茶是一个不断修炼的过程。有人吃了一辈子的东西，可能也不知道为什么这么吃，觉得好吃就行。茶有道，食亦有道，吃喝也是每个人一辈子需要修炼的大事。

做茶的人谈起采茶来如数家珍，哪个山头的茶有何特点，如何把握熟茶发酵的程度，如何辨识生茶，茶人一般都能讲得清楚明白；而好的厨师和司厨者对食材的选择也是娴熟自如，季节、产地、品种都在他们的把控之中，一切都要在最好的时光里遇见。

一日，做茶的几个茶商一起品一款高端的熟茶，他们谈起做茶的原料，认为原料是茶叶好坏的关键和核心。好的茶叶，制茶时无需太多的技法，也不用过度发酵。美食也是一样，好的美食其实无需复杂的烹饪，好的厨师就是大自然食材的搬运工。一些私房菜的餐厅，没有菜单，每天都是大厨亲自挑选最新鲜的食材，让人在和大自然的和睦相处中，得到灵感和天性的顺应。这仿佛才是会吃和会生活的顶级表现。茶也好，食也罢，都要遵循食材的天性，都是中国人几千年来的饮食选择，充满了吃喝的智慧。

好食材要因时而食，茶叶也一样。一般做普洱茶大多会定制古树的春茶，那种芽尖的内含物最多，滋味也最绵长，自然受到茶客的青睐；而春天的韭菜和四月的鲥鱼一样，经过了夏秋冬的沉淀，此时味道是最鲜美的。唐代张志和的"西塞山前白鹭飞，桃花流水鳜鱼肥"，讲的就是因时而食。

有的茶厂以拼配茶的工艺取胜，也赢得了市场和茶客的认可。但究其根本，依然是好的原料才能拼配出好的味道，在拼配上下功夫不是用炫技的手法使原料失去其本性，虽然突出的是技法，但对原料本身还是给予

品茶中感悟人生的起起落落，美食里感叹生活的美好

了充分的尊重的。对新鲜的龙虾，厨师们没有用蒸煮的简单方法呈现，而是做成鱼子酱拼龙虾卷之类的美食，更多的是商业价值的需要，而单就食材而言，肯定是过度开发了。在这一点上，茶的拼配对司厨者还是有启发的。

茶食同源，茶和美食的相遇也是令人愉悦的。如今的人们做的茶香肉可以超越以前的茶菜。茶香肉的做法是：用葱姜酱油调味，把五花肉煮一个多小时至酥烂，再把煮好的肉用油炸透；将铁观音用开水泡开，挤干水分，油温七成下锅炸脆茶叶，再把炸好的五花肉加入常用的调料收汁，再加入炸好的铁观音，加上葱花，一道芳香四溢的美食就这样完成了。

茶与食像一对兄弟，有很多的相似之处。

孔子说："夫礼之初，始诸饮食。"而饮茶之道中，也非常讲究待客的礼仪。上菜时鱼头要对着主宾，而泡茶时茶壶的嘴不能对着客人；喝茶时有叩首的致谢动作，上菜有"请慢用"的接待语；饭要八分满，茶要七分满。这都是友好待客的文化体现。茶艺师要对泡茶的时间拿捏得当，厨师则要对美食的火候拿捏有度。

茶和食似乎共同让人从中得到情趣，得到神韵，得到味道。心烦的时候坐下来喝杯茶，失意的时候，回到家里吃上美食，获得重新开始的勇气。习茶人泡茶多有风雅的姿态，厨师炒菜多有颠锅的潇洒动作。泡茶时，重的东西要轻轻放下，不使用蛮力，轻的东西要重重放下，彰显重视郑重和珍重的态度，即所谓的举重若轻和举轻若重。美食里，锅、盘、碗、碟，都属于重的东西，不能使用蛮力，落下的时候往往要轻轻放下；而对调料之类的轻物，其比例的多少、分量的大小，都需要慎重。

　　有趣的是，不同地域的人喝的茶和吃的口味有关。江南一带的人，口味多以清淡为主，喝的茶叶却相反，多以味重的大红袍或者醇厚的普洱茶为主；而西部川贵一带的人，饮食的口味较重，喝茶相反多以清淡的绿茶为主，以冲淡和平衡口味，如巴山雪芽、峨眉竹叶青。

　　茶的一生有三次生命，第一次生命来自大地，从一颗种子发芽到开枝散叶；第二次生命来自茶人，茶人的双手成就了它；第三次生命来自喝茶人，因为有了喝茶人的赏识，才迎来它最美的绽放。茶和心的融合，是茶最初的原心，食和心的交融，是人对食最深的情愫。茶和美食都是上天赐给我们的美味。在品茶中，我们感悟人生的起起落落；在美食里，我们感叹生活的美好。

绽放生命的滋味

曾有个外科医生对我说过这样一段话，让我感触良多。他说平日做完手术后，病人苏醒，如果病人想抽烟、想吃东西了，这是他最高兴的事情。味觉的恢复意味着身体的好转，而病人什么都不想吃，没胃口，说明身体机能还没有完全恢复和正常运转，那是很可怕的事情。

民以食为天，食以味为先。味道是我们绕不开的话题，然而如何理解味道？味道本身让人津津有味，而道理却枯燥无味。我们常说气味来自鼻子，滋味来自舌头。人们常用味道来表达食物的美味，认为味觉一词更接近味道的真相。不过我更认同用"滋味"一词来表达对味道或味觉的理解。滋味的"滋"的三点水的偏旁，表明味道是人们对融入水后的物质的感知，而滋味好坏都有，美滋滋的是滋味，五味杂陈的也是滋味。滋味更能体现人对味道的主观感知，和生活联系得也最为紧密。滋味又被引申为韵味，以此来表达文学艺术带给人的心理感受，就像食客把食物和身心融为一体的感受。

我们常说，生活不过一日三餐，一饭一蔬谓之道也，食无定位，适口者珍，林林总总，似乎中国人的处世哲学早已融入了一日三餐之中。其实三餐饭也好，一饭一蔬也罢，都是指的食物本身，真正能体现生活的哲学和意义的，是滋味。因为只有滋味才让这一切的存在有了意义。

严格说来，酸甜苦辣麻等味道不能代表滋味的全部，一道美食给人完美的享受，一定是复合的味道，也即滋味的呈现，那种食物散发的气息和令人喜欢的味道的融合，共同组成了一种食物的滋味。人们常说，多吃没滋味，少吃多滋味。有了滋味，我们仿佛和自然的食物紧密相连了，加上长期的生活习惯，食物就融进了我们的生活，成为我们生命的一部分，也让我们对生活有了更多的感悟和感慨，生活不过一日三餐，准确地说，生活就是有滋有味的一日三餐。

　　人们都知道，人感冒了味觉就会差许多。当一个人茶饭不思、寝食不安没胃口的时候，疾病就会找上门来，《西厢记》"长亭送别"有一折，曲名《快活三》："将来的酒共食，尝着似土和泥；假若便是土和泥，也有些土气息，泥滋味。"这种吃饭的滋味只会令人难受。

　　滋味是如此重要，吃饭没有滋味，如同生活失去了目标。

　　人没有胃口，食物便失去了滋味，刘若英在《天下无贼》中最后含泪大吃烤鸭的表演，是想努力用食物来化解她难过到极致的情绪，大口地吃食物，什么滋味却并不知道，那只是在通过食物发泄而已。

　　《红楼梦》中有一首《红豆曲》，其中有"咽不下玉粒金莼噎满喉，照不见菱花镜里形容瘦"之句。一个人心思不在吃上，吃什么都会没有滋味。懂得在简单而平淡的生活中享受天伦之乐，日子就会像蒸熟的糯米一样，飘着浓香。

　　一个人有滋有味地吃着饭，才是他的生活本来状

人在对滋味的觉醒中，开始生命和生活的历程

态。那吃不安、睡不宁的生活,味同嚼蜡,还谈什么生活的趣味呢?人在对滋味的觉醒中,开始生命和生活的历程。难怪有人说,一个味觉敏锐的人,对事物的感知和创造力比味觉迟钝的人强许多。

滋味在山东莱州方言里是舒服的意思,而词典的解读既有味道也有美味的意思,更引申为苦乐的感受。人生路上,风雨要自己挡,滋味要自己尝,滋味的深处是爱恋,是故乡,是成长,是回忆,是恋旧,是宽慰,是希望,是四月天里的诗意,是世间至为珍贵的味道。

新老知味好时光

曾有做美食节目的主持人问我："李老师，您知道现在的年轻人都吃什么吗？"我说："可乐加枸杞啊，一边养生，一边放纵美味！"主持人说："您有所不知，现在的年轻人吃的东西越来越稀奇。"他举例说，有位老先生去一家新开的餐饮店，看到店里有卖冰激凌沾油条。店老板对老先生说："这不是给您吃的，是年轻人吃的。"老人只好离开，并悻悻地说："现在年轻人吃的东西越来越看不懂了。"

是老味道不好吃了吗？还是新味道更好吃呢？

我的一位好友曾在端午节发朋友圈说："老味道，多半停留在梦想中，因为随着时代的演进，老味道必将衰减、变异和消失。"我不得不佩服好友的用词准确和对事物判断的精准。的确，现在看来，许多过去的老味道，随着人的年龄的增长，味蕾越来越迟钝和退化，随着对老味道痴迷的人的减少，需求自然减少。而作为消费主力的"80后"和"90后"，对老味道是否愿意接纳，才是问题的关键。

对于好吃和怀旧的人，就算翻遍城市的犄角旮旯也要找到听说好吃的那家店；哪怕排长队也要吃到才心满意足，才算不虚此行。比如每逢佳节，武汉卖芝麻糕、绿豆糕的曹祥泰人满为患，端午节时五芳斋门庭若市。而传统的豆沙口味、网红爆款咸蛋黄肉松口味的青团都是上海人的心头好！有人不惜排队几个小时，就是为了吃上一口刚刚出炉还热乎乎的美味。传统的老味道依然魅力无穷，甚至连风靡全球的麦当劳、肯德基和星巴克也在当地打起了本土文化的牌子，把具有当地特色的小吃融入了经营的项目之中。

老味道令人回味，是记忆，更是情怀。周作人在散文《卖糖》中说："小时候吃过的东西，味道不必甚佳，过后思量每多佳趣，往往不能忘记。"林语堂说，

新味道让人津津乐道，老味道令人久久回味

爱国主义就是爱吃从小吃惯的食物。

　　新味道让人津津乐道，是时尚和个性的张扬。成都的街头，百年老店的肥肠粉大多是外来的游客慕名前去品尝，而流沙土豆和猫碗之类的快销时尚食品店前也排起了长队。在武汉万松园美食街，有巴厘龙虾，有樱花糕坊的奶油泡芙，有海鲜坊改良的蟹脚热干面，有爱·那不勒斯比萨烤翅，有泰国的芒果甜品和Ouba锅物料理，俨然一个美食大市场。多变的口味，不同的风格，吸引了大量的年轻人去消费。城市的老味道仿佛被挤压，老味道在顽强地生存。

　　老味道令人久久回味，是味道的传承，而新味道求新求异，个性鲜明。老味道和新味道在博弈中取舍，在融合中变化，都想找到自己的生存方式和空间。

　　老味道是对传统的牵挂，有人说，传统使人能朴实地面对生老病死，使人与春花秋月冬雪共同呼吸，使人的眼睛可以为一首古诗流泪，使人的心灵可以和两千年前的作者对话，这就是传统的魅力。随着人们对美好生活的向往，老味道摒弃矫揉造作，向往返璞归真，能在现代缤纷多彩的社会里给人一丝宁静，一分安宁，也总能在回忆中触发生活的感悟，让我们从中汲取生活的动力。

新味道的诱惑也不容忽视，它是一种文化进步和个性张扬的体现，是现代人生活美学价值观的反映。融合的菜品和新潮的餐饮店里，都有新味道的容身之地，年轻人似乎在这里能找到自己的灵魂和动人心魄的时代新潮元素。不过我们也欣喜地看到，在大健康理念的背景下，越来越多的年轻人，从麻辣的畅快中逐渐回归到现代健康的清淡味觉上来了。

美味佳肴不过是穿肠而过的修行。相比其他器官，人类的味觉器官除了识别味道，还可以发现幸福。每个人喜欢的味道都不相同，正如我们彼此不同的人生。味道是创新，也是个性。随着时间的推移，老味道和新味道相互交错。不忘老味道，尝鲜新味道，文化的发展，味道的交替，时尚的变更，不都是这样轮回的吗？传统美食承载着一代又一代食客的美好记忆，时光不慌不忙地老去，那流年也是染了食巷的醇香，可酌，可嗅，可品，可醉……

写到这里的时候，电脑上呈现出一则有趣的提示：永远不要说永远，一切皆有可能。哈哈，电脑似乎在偷窥我的文字，不时来个心灵对话。而人大多固守内心的执着，不愿意轻易改变内心的执念和曾经的认知，就像对老味道依依不舍一样。有时我们真的要好好向机器学习，不断学习，把握当下。

未来已来的火星食物

　　未来已来，而我更关心的是未来吃什么。总有一天，人类会登上火星，在火星上吃什么，却是科学家们一直在思考和探索的问题。2021年，中国科学界让人称道的成果CO_2合成淀粉告诉我们，未来的食物不需要从土地里获取。不久的将来，利用模拟动、植细胞的工厂，将进行以火星食物为代表的未来食物开发和生产。未来的火星食物正向我们走来。

　　如果说我们当今的食物有发酵食物、方便食物、冷藏食物、人造食物、有机食物的话，未来食物将会有多种形态：有营养丰富，纤维少，易为人体吸收的昆虫食品；还有变形的创意，让人一吸饥饿感就消失的空气食

品；还有利用遗传变异微生物和固定基酶创造出来的生物合成食品，也被称为"火星食物"。火星食物中不同的氨基酸和多肽可以完美模仿"真肉"的风味，不仅让人更容易接受，甚至可以把人们不爱吃的食物变成美食家所津津乐道的食品。

我曾到武汉多肽产业园的火星食物餐厅吃了一顿未来的"火星食物"。梦幻般星云色彩的餐盘里，未来的火星食物置身其中，仪式感扑面而来，更激发了我对未来食物的关注和期待。

从口感到味道再到形状几乎无区别的汉堡让人大快朵颐；鸡排的纤维口感几乎和真的鸡排一样；冰花状的煎饺，肉馅的口感紧致鲜嫩，味道比真的还好吃；Q弹的鲍鱼，似乎少了一点鲍鱼肉质的致密，但厨师精心调制的鲍汁，吃起来十分有味；意大利面条上的虾仁，从颜色到口感都可以以假乱真，而面条的口感筋道，似乎比真的面条更好吃；绵软的牛肉炒饭，米饭Q弹的口感令人惊叹；水果沙拉的多肽酸奶，浓稠得可以拉丝，香滑且酸甜适口。这并不是我们传统意义上说的人造食品，而是在人造食品基础上进行生物合成的食品，更接近未来的需求和形态。

　　未来的火星食物大多是利用基本元素模拟细胞合成蛋白质、碳水化合物、脂肪而制造的食品，是"人造食品的生物制造"。未来的食物不再受食物中高糖和高油脂、碳水化合物的困扰。脂肪中不含卡路里，鸡蛋是低胆固醇的，肉则像刚从动物身上切割下来一样新鲜，脂肪含量很少，人工合成的牛奶，其味道及营养价值，与从牛身上挤出的奶完全相同。不仅味美，而且健康。这种未来食品有助于健康，于环境无害，可按人体健康需求设计、合成、制造低脂、零胆固醇、低热量、有生理活性的食物。可以说，"火星食物"更健康、更安全。

　　一位法国学者曾说："一个民族的命运要看他吃的是什么

和怎么吃。"在未来，我们可以选择那些与自身基因类型相匹配的食物。人们可以根据自己的遗传属性和口味喜好，网购个性化的食品，如降血压的小香肠，脱脂炸薯条，富含维生素、抗氧化成分，可抑制癌细胞的混合麦片，用不饱和脂肪酸烤制出来的面包和低胆固醇的黄油。而水果和蔬菜因为是转基因的，不用担心发霉、变干、腐烂变质的问题。"人类基因工程计划"对遗传物质和营养成分相互作用的研究，使我们对食物的获取方式发生根本性的变革。未来食品还会和人的健康相结合，出现具有减肥、延缓衰老、抵制肿瘤、调节血糖、增强免疫力等作用的各种功能性食品。在中国人的观念中，药补不如食补，未来功能性食品将受到越来越多的青睐。食品就是药，药就是食品，这真正体现了希波克拉底说的那句话："食物是你最好的药，你最好的药应该是你的食物。"

值得一提的是，未来的火星食物，外观包装更加个性化。按照奥尔德弗ERG需要理论，相互关系和谐是其中一种重要的需要，而娱乐化就是和谐关系的具体体现。在全民娱乐时代来临的时候，娱乐化同样是食品行业未来重要趋势之一，在研发设计方面，可考虑从食物的形状、颜色、包装等方面进行娱乐化设计，比如动物和卡通形状的面包，五颜六色的糖果，有故事情节的包装等。而用昆虫蛋白质制作的小零食以有趣、快乐降解了人们对昆虫的不适。还可采取盲盒设计，或展示花朵和阳光、富有感染力的笑容，或用古怪有趣的造型来吸引顾客。

　　未来已来，生物合成制造的"火星食物"将走进我们的生活，开启美好的人间烟火生活。未来的食物有望让人类摆脱食物匮乏的困扰，还有助于人类的健康。未来食物的新形态，味道和口感还是我们喜欢和熟悉的，完全可以让我们吃饱了再谈更远大的理想。

活着和活好

　　活着和活好，也是余华的《活着》和日本的日野原重明《活好》的书名。一个是关于吃不饱、活不好的故事，一个是关于人如何在当下生活中活得更好的话题。

　　我是一口气读完余华的《活着》的，读完之后，沉重的心情让肠胃都有些不适，就好像是大哭一场后肝肠欲断的感觉。那是一个吃不饱的年代，饥饿是生活的主色调。正如作者余华写的，人是为活着本身而活着，而不是为活着之外的人和事物活着。饥饿写进了我们的基因，难怪袁隆平说："我毕生的追求就是让所有人远离饥饿。"吃在人的生命中扮演着重要的角色，因为吃是活着的基础。台湾作家黄宝莲曾说，她的一个亲戚得了重病，医生认为无力回天了，但亲戚死里逃生，问其缘由，亲戚说是临死突然想吃一碗鸡蛋煮面线，就决定回来了。食物的力量，有时大到我们自己都无法想象。

《活好：我这样活到105岁》一书由日本作家日野原重明所著，是一本励志图书，作者用简短的话语告诉我们长寿的秘诀：只有提前做好预防，我们的生命才能更长久、更健康。樊登在为此书所作的序中说："百岁老人发自肺腑的每一句话，都是生命酿造出来的原浆。一句话触动了心弦，就是我们的福分。"日野原重明说：我从来不是以长寿为目标活到现在的，既然来到人世，就好好地活一次。努力活好每一天，探寻未知的自己。

如今，我们从饮食生活迈向了美好生活。活好不仅仅体现为吃好，但吃不好却是难以活好的。于是人们喜欢从吃好里找寻活好的理由。

我对吃是有一定要求的，不一定要吃到很贵的，但一定要吃点好吃的，好像对自己肠胃的安抚，就是对自己的安慰和善待。一般情况下，除非是没有胃口，再忙，总要吃点好吃的才会心满意足，才会善罢甘休。最怕的就是和对美食没有兴趣的人在一起，那种差距和隔阂，对好吃佬而言，简直就是到了水火不相容的地步。

不同的饮食文化之间存在一定的互不认同和相互排斥的饮食习俗。这种排斥有时反而成为我们找寻适合自己美食的理由。

中国地大物博，各地的饮食习俗各不相同，食物俨然成为一种文化的象征，赓续延绵。河北山海关的浑锅和烤面筋、炸大头菜令人难忘；山东的糖瓜、油炸酥肉百吃不厌；陕西的臊子面，一勺囊括各种食材的臊子汤浇在爽滑筋道的面上，再配上几个小菜，便是游子魂牵梦萦的家乡美味；云南人称，拥有了一碗米线就拥有了全世界，米线成了云南人乡愁的味道；而西北，从香头子到拨鱼子，从拉条子到面皮子，爱生活的西北人把自己对生活的理解全部融入了这各具风味的面食中。

吃好才能活好，是我的美食主张。生活中没有烟火，哪里有人生？人活着的目的，最重要的是生活，将生活过得有滋有味，用一颗浸润着人间烟火的心，将日子过得活色生香。当辘辘饥肠被喜欢的美食慢慢填满，那种身体的细胞瞬间获得幸福、感到踏实的满足感，使得孤单缺爱的生命个体得到人世间最大的安慰。我总是四处追逐美食和好味道，每次吃到美味，心底总是涌动着一股激情，感到满足和坦然，好像离生命的意义又接近了一步。对美食的喜爱又何尝不是我们对自己内心的观照呢？

在这个飞速发展的时代，不变的是一日三餐，不变的是妈妈的味道，不变的是人们对家乡美味的记忆。北方人喜欢吃饺子，因为那是最适合自己的味道，不论你走过多少春秋，不论你身上有多少褶皱，沉沉浮浮中，不变的是对家的想念。

清代阮元的《吴兴杂诗》写道："交流四水抱城斜，散作千溪遍万家。深处种菱浅种稻，不深不浅种荷花。"说的就是菱不渴望浅水，深水才是它成就梦想的天堂，而不深不浅才是最适合荷花的生长环境。"不深不浅种荷花"里蕴含了"适合自己的就是最好的"哲学思想，这不正是活好的方法吗？

活着仅仅是活着本身，这是过去时代的无奈。如今我们不仅要活着，更要活好，在吃好一日三餐里迎接百

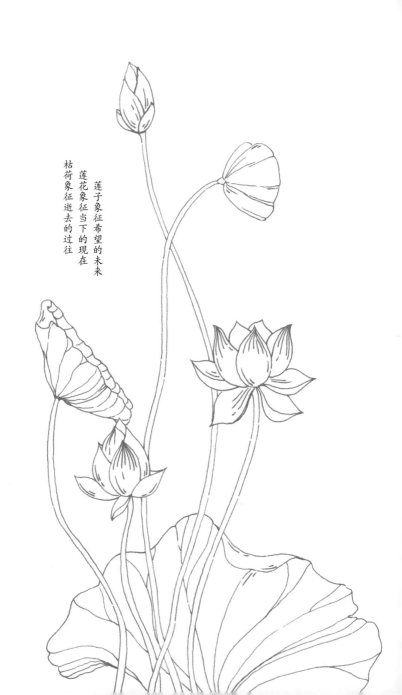

莲子象征希望的未来
莲花象征当下的现在
枯荷象征逝去的过往

岁时代的到来。我们拥有健康，并不是为了长命百岁，而是为了享受我们拥有的幸福和美好的时光。活着，是一种美好，我们该好好珍惜。但人需要活好，才能有一个更加美好的未来。

　　美食的滋味也是生活的韵
味。它直抵人心，用味蕾唤醒我们
生命的欢愉。那触动人心的味道，
构成了我们的美食圣经。

▼ ▼
▼

第二章　美味心经

越吃越精的鱼

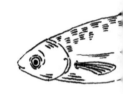

唱戏的有"戏精",吃鱼的也有"鱼精"。"戏精"是赞美很会演戏、对戏曲表演非常热爱的人。而很会吃鱼的湖北人,可以从鱼头吃到鱼尾,被人称为"鱼精"。

湖北号称"鱼米之乡",湖北人喜欢吃鱼,论起做鱼、吃鱼的方法,自然经验丰富,这是融入了湖北人灵魂的技艺和记忆。连以鱼为特色的餐馆也起名叫"鱼痴渔醉",湖北人把吃鱼融入了文化之中。

黄山归来不看岳,离开湖北不吃鱼。在湖北,鱼的食材丰富多样,最大牌的鱼——武昌鱼,最鲜嫩

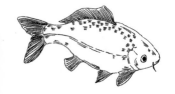

论起做鱼、吃鱼的方法，湖北人经验丰富

的鱼——清江江团，最霸气的鱼——仙桃黄鳝，最骄傲的鱼——丹江口翘嘴白，最滋补的鱼——荆州的财鱼，最草根的鱼——喜头鱼（鲫鱼），最肥美的鱼——咸宁赤壁鳜鱼，最馋人的鱼——新洲的黄骨鱼……五花八门的吃法，把鱼吃到了极致，鳊鱼吃拖，鳜鱼吃花，甲鱼吃裙，鮰鱼吃肚，青鱼吃尾，鳙鱼吃头，财鱼吃皮，鲤鱼吃籽，鲫鱼喝汤……

会吃鱼的我，自然把这种技艺带在身上，而世上好吃的鱼真的太多。记得和友人一起去江苏的沙家浜旅游，中午时分，饥肠辘辘，喜欢吃鱼的我自然直奔鱼餐厅而去。一道红烧肥鱼的菜，把大家的胃征服了。那鱼肉细腻而油润，简直比自己做的红烧鱼还好吃。吃完大家意犹未尽，多年之后还念念不忘。这就是美食的魅力。

吃鱼还要讲究方法。经常有朋友要求我推荐好吃的地方。有一次我去一家叫"千滋百味"的餐厅，点了一条人工饲养的荷花鱼，据说是鲤鱼杂交的品种，个头不大，有点像我们常吃的小鲫鱼。用红烧的做法，让汤汁和鱼肉的鲜美完美地融合，这样，鲜美的味道会在嘴巴里停留的时间长点，对味道的感知也会更强烈，更适合口味稍重的湖北人。哪知朋友慕名前去，也点了荷花鱼。一群好吃佬觉得，这样好的食材应该用清汤煮着吃，结果，做出来，众人都说不太好吃。吃东西根据饮食的习惯和口味来定，好的食材一定要用合适的烹饪方法，就像将遇良才一样。

肉质特别鲜嫩的鱼类更适合煮汤，比如清江的肥鱼。宜昌肥鱼洄游到宜昌江段时，体内脂肪含量达到最高点，个个膘肥体胖，鱼鳔特别肥厚，鱼肉细嫩鲜美，所以宜昌人形象地称呼其为"肥鱼"。宜昌长江肥鱼肉质细嫩，无肌间刺，肉滑如玉，入口即化，味淡雅甘醇；尤其是用肥鱼炖的鱼汤，白若琼浆，润泽爽口，甘如玉液。

会吃的湖北人，把武昌鱼吃出来十三条刺，以此显露自己的功夫，就像有的人把螃蟹吃完了还能拼成一只完整的螃蟹形状一样。而与时俱进的湖北人，潜心20多年，培育出鲌鲂先锋2号武昌鱼，味道更鲜更甜美。前不久又率先在实验室研究和培育出了无刺鱼，未来我们吃鱼可以不用挑刺了。

会吃鱼是一个方面，会做鱼才是王道。湖北人对鱼的吃法理解最深。仅就武昌鱼而言，就有风干的、清蒸的、葱油的、香煎的，几乎所有的烹饪方法都能做武昌鱼。还有传承古法的荆沙甲鱼，秉承传统的沔阳三蒸中的粉蒸鱼，百吃不厌的红烧鲴鱼，汤白质嫩的长江肥鱼，酥烂肥糯、醋香诱人的炮蒸甲鱼……湖北好吃的鱼真的是数不胜数，让人觉得幸福无比。

如今，鱼的菜式在融合发展中不断推陈出新。方掌柜餐厅做的泉水武昌鱼，有了甜玉米的加持，番茄的汇入，野山椒的辣气，融合鱼的鲜美，其酸辣咸鲜的味道，满足了年轻人味蕾的嗜好。而餐厅的红烧武昌鱼肚，选用武昌鱼最油润滑嫩的鱼腹，把美味做到极致。

有趣的是，鱼这个大家普遍喜爱的食材，还有自己的雅名，人工饲养的鱼种也有先锋鲌和莲花鳊，好似戏剧中的青衣、花旦，为灵秀的湖北增添了物产丰饶的美誉。

鱼总是自由自在地在水中快乐游弋，也许是因为鱼只有七秒的记忆，转眼之间，鱼便忘记了所有的不愉快。而对于好吃鱼的"鱼精"来说，吃鱼可能是一辈子的喜好，只要说起吃鱼，不仅会"食话食说"，而且会如数家珍。

欲罢不能来吃虾

美国当代作家华莱士认为虾有大脑神经，因而痛斥吃龙虾的残酷。而大龙虾Q弹的肉质，鲜甜的味道，直击人们的味蕾，好吃得让人想哭。人们在虾肉的美味诱惑面前，对烹制虾的内疚早已被食欲燃烧一空。

虾有淡水虾和海水虾之分，大小、品种各有不同，但人们对以虾为原料制作的大餐小菜总是趋之若鹜，喜爱有加。

龙虾中较为有名的有"澳洲龙虾"，又叫澳洲岩龙虾，体大肥美，肉质细嫩、滑脆，味道鲜美香甜，风味别具一格。而波士顿龙虾钳子里的肉比较多，且嫩滑细致，故以吃钳子里肉为美。波士顿龙虾因为没有季节限制，价格相对便宜。澳洲龙虾、中国龙虾和日本龙虾稍贵，而最贵的是基因突变的蓝虾，其鲜嫩爽甜的口味，成为食中极品。蒜蓉龙虾、芝士焗龙虾、龙虾伊面、日式冻波龙色拉都是大家较为喜爱的龙虾菜式。龙虾个大，中间劈开，一虾两吃，是大家喜欢的烹饪方法。烤盘里半边芝士烤，半边蒜茸烤，芝士烤部分要摆上切片芝士。鲜美多汁的烤波士顿龙虾一定要趁热吃，其清甜中略带点酸，鲜美多汁，让人回味无穷。

　　如果说口口是肉的大龙虾是霸气的大哥的话，基围虾则是小弟级别的美味。基围虾是淡水育种、海水围基养殖的，其得名原因就是"围基养殖"。基围虾可用白灼、香辣、茄汁、油焖、椒盐等烹饪方式制作，还可与蛋、藕片等蔬菜同炒，虾肉肉质鲜美爽口。我曾在舟山群岛吃过基围虾，那肉质新鲜、清甜，口感柔嫩，真是让人欲罢不能。竹节虾，又称日本对虾，由日本最

虾正红，味最美，人最真！

先开始养殖，我国福建、广东等南方沿海地区近年也开始养殖。竹节虾体表有蓝褐色横斑花纹，尾尖为蓝色，壳薄而硬，肉质厚实。这两种虾哪种好吃点，却是因人而异。

如果大龙虾像步履稳重的大佬，河虾倒像是来去飘然、临风欲仙的美人。龙虾味道很鲜美，却价格昂贵，不如河虾来得实惠。河虾常常出现在国画大师齐白石先生笔下，也是文人墨客喜欢赞美的美食。唐代唐彦谦有《索虾》诗："双箝鼓繁须，当顶抽长矛。鞠躬见汤王，封作朱衣侯。"河虾外观色泽优雅，肉质细嫩鲜美。江、河、湖中有米虾、白虾、毛虾等，乃是河中的美味。经沸水煮后，常被用酒糟作料腌制了上席，江南鱼米之乡盛产河虾的地区，有名的菜式就有一道糖醋虾，其粉红的虾壳，在青葱的映衬下，看着就美；牙齿轻咬，非常甜嫩。那种鱼米之乡的美味，足以让人唇齿留鲜。

掀起红盖头，看你多温柔，爱吃小龙虾，运气不会差！春夏之交，小龙虾登场，名为龙虾，其实是淡水虾，并非生长于海中。因其外形与龙虾类似，故得名小龙虾。小龙虾肉质鲜美，比鸡肉细腻，比鱼肉甜美。本来虾肉以清甜的肉质取胜，现代人却把激情的麻辣味道融合进去。将小龙虾掰开，鲜嫩的虾肉露出来，蘸上香辣的汤汁，那诱人的香辣或蒜香味道，那Q感极强的口感，真是让人吮指回味。端上龙虾时，食客们表面平静，内心早已风起云涌，以为点了太多龙虾的，吃过后才知道，再多也是远远不够。无论身处何方，一想到那鲜嫩的虾肉都会口水不止。小龙虾堪称唯一能让人放下手机的美食，是聚会、消夜的必点佳品。对小龙虾的爱好者来说，小龙虾是夏天的尤物，天热受得了，没有小龙虾的夏天还真受不了。虽然小龙虾没有芝士焗龙虾和奶酪焗龙虾那么高贵，但那鲜美的味道一样好吃到让人吸吮手指头。

　　无论是酒店的龙虾大餐，还是餐馆里的基围虾；无论是小馆里的葱爆河虾，还是夜市人声鼎沸里的小龙虾，绝对是饕餮盛宴的美味首选。在美味中，人们尽享生活的乐趣，所有的烦恼和不快，都会在酣畅淋漓和欲罢不能的美味中化解。也许这就是美食的意义所在。夜已深，虾正红，味最美，人最真！

豆腐情思

　　如果问有什么食物能体现中国人的智慧的话，有两种食物当之无愧。一种是大米，从稻谷到米，从米到米饭，从米饭到酒，其中无不充满中国人的智慧。另一种则是豆腐，它是当之无愧的美食。如果味蕾有记忆和情感，豆腐大概就是其灵魂深处的记忆。

　　豆腐平易近人，与荤素均可搭配，无论贫富贵贱，都能享受它，餐桌上哪怕堆满了山珍海味，如果有豆腐处于其间，依然能让我们甘之如饴。

　　有人说，中国人只要会用筷子，不忘中国话，就不会忘记中国文化。我觉得，还必须懂得豆腐，才能领会中国的文化。因为豆腐里有我们先辈的智慧传承，有我们的文化根脉。

千变万化的豆腐，简直把中国人创造生活的能力发挥到极致。豆腐可以红烧，和肉末一起烩烧的肉末豆腐，川菜中的名菜麻婆豆腐，都是受人欢迎的美食。豆腐可以油炸，可以冷冻，冷冻的豆腐带着蜂窝状的小孔，放在火锅里，饱吸汤汁，吃进嘴里，鲜味和味蕾一起起舞。平平常常的豆腐，让人无时不想念。鲜嫩的豆腐脑，是早晨或午后时光的美味，可甜可咸的豆腐花，弥漫着童年的味道。曾有商家让顾客用吸管来吸食杯子里的豆腐脑，结果吸得凌乱不堪，仿佛就是暴殄天物。我觉得，吃豆腐脑还是要尊重传统食俗，用勺子舀着吃，那一片片的豆腐脑，入口绵柔，别具风味。

平淡的豆腐让人感到平和、亲近，它像一个有内涵的女子，会让你慢慢喜欢上它。

豆腐的创造性，可以给厨师以许多联想。中国人吃了两千多年的豆腐，到现在还没有吃厌，觉得少什么都少不了它。早上常喝的豆浆便是豆腐制作前的副产品，琼浆玉液般的豆浆，滋养着中国人的身体，说它是国宝一点也不过分。吃上豆腐，就会让人想起自己是一个中

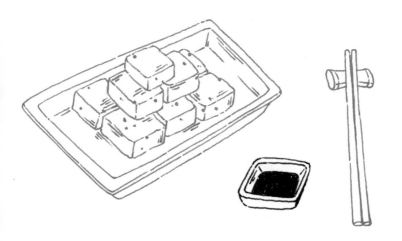

国人，那熟悉的口感和味道，足以让我们体会到生活的平静安详，有滋有味。

记得很早的时候，去武钢讲学，大型的国企，有自己的食品厂，很多食品都是自己工厂生产的。中午，师傅烧了一道鱼和一盘豆腐。当我吃到豆腐时，有一种似曾相识的感觉，我努力回忆：这豆腐和某种食物的口感很像。一旁的鱼让我想起了一种不多见的食材，那就是鱼白。鱼白就是鱼的胰脏。湖北人喜欢吃的豆腐烧鱼杂，就是将鱼白和鱼子与豆腐一起烩烧，加上一点有胶质的鱼泡（鱼鳔），一点豆瓣酱和大蒜，那种味道，越吃越鲜：鱼白的滑柔，鱼子的脆爽，让豆腐也变得鲜美多味。而我现在吃到的这盘豆腐就有鱼白的味道。真的是越吃越惊喜，不禁赞叹制作豆腐的师傅，把卤水调制得恰到好处，让豆腐能呈现出鱼白的味道。多年后，这味道仍然是我脑海里难忘的记忆。

对豆腐印象深刻的还有一次，是吃土家菜的时候。恩施的朋友让老板拿出了霉豆腐，它的外表带点红色辣椒粉。我一看，这小方块豆腐，不就是腐乳吗？知道很咸，我小心翼翼地用小勺舀了薄薄一片，放在口中，用舌头慢慢地搅动，让其在口腔慢慢化开，那独特的味道弥漫开来。此时我早已忘记了霉豆腐的咸味，那细腻的口感，犹如丝绸般的柔滑，直击人心最柔软之处，我像喝到绵柔醇和的陈年普洱一样激动。霉豆腐的吃法与法式鹅肝相似，口感也与我在法国知名的西餐厅里吃到的鹅肝相似。不过鹅肝是淡而无味的，霉豆腐却很咸，它带有鲜明的个性，如同大山里的土家人的豪爽和直率。而吃到霉豆腐的里面时，全是令人感动的柔软和丝滑的细腻。

我在不惑之年，竟然还在被豆腐感动。

一次去武汉新洲讲学，与老同学一起吃饭，少不了去感受一下久负盛名的臭羊肉。但带给我惊喜的还有米豆腐。米豆腐的名字，让人联想起豆腐，是用米浆按照豆腐的加工方法制作的，其口感一点儿不输豆腐的软嫩，且外焦内嫩，加上点孜然粉，越吃越香。天然喜爱豆腐的我，更感叹豆腐的影响巨大，让米浆也要与它攀亲戚。

吃了两千年豆腐的中国人，还会吃下去，这割不断的情思，源于我们实在太爱豆腐了。

把雪橇滑到锅里去

　　滑雪是很多人的爱好，据说会让人喜欢到上瘾。那种从高处滑行下来，风驰电掣的刺激和冲击力，只要一次就会让人喜欢上它。而让人垂涎欲滴的鲜味从古到今都是人们的追求，尝鲜有两个途径，一是自然的食材鲜美，一个则是击穿腐败的壁垒穿越而来的鲜美。一次滑雪后和美食的邂逅，让滑雪与尝鲜奇妙地相遇。

　　先后去过几个滑雪场，大多和美食没有太多的关联，可能是美味没有雪橇那样能打动人心的缘故吧。2017年的2月，一家人第一次用滑雪和泡温泉的方式过年，让我把滑雪和美食联系起来。

　　新奇和冒险最能激发人的活力。英山的毕昇雪场不是很大，适合初学滑雪者练习。蓝天白云，五颜六色的滑雪服，构成了一个炫丽的世界。日常生活里，孩子们跌倒了会哭，但在雪场上，跌倒爬起来，都会欢声笑语。让人快乐是人们喜欢滑雪的重要原因。

离开滑雪场，意犹未尽，来到温泉泡个澡，解除疲乏，和大自然再亲近一下。到了饭点，已经饥肠辘辘，赶紧出门找吃的。见一个挂着"鱼羊鲜"招牌的土家菜馆，起这个名，表示餐馆主人知道鱼羊鲜烹饪的奥秘。带着好奇走进了这家农家菜馆，只见农家菜馆常见的小矮桌、小板凳，桌子上有个大锅。我们冲着招牌菜开餐。服务员用木柴生火，先把五花肉和大葱、生姜、八角、尖椒一起在锅里煸炒到五花肉的油透出来，再放入一个大鱼头略煎下，倒入事先炖好的羊肉和羊汤，调好佐料，盖上锅盖，耐心地等待二十分钟左右，香气四溢，把锅盖揭开，一股荤香扑鼻而来。锅中淡红色的红汤翻滚，羊肉入口软烂，鱼肉滑嫩，汤汁浓稠，味道鲜美，唇齿留香，让人欲罢不能。女儿连叫好吃，我并不言语，吃肉喝汤，并用鱼羊鲜汤连泡了三碗米饭，且意犹未尽。那种刻骨铭心的美味，让人联想到滑雪的快乐，简直就像是雪橇滑到锅里的畅快。

有关这道徽州名菜鱼羊鲜的传说很多。传说在清代，渔民在烹煮吃了汤中羊肉的鱼时，发现鱼肉酥烂，不腥不腻，鱼汤鲜美，羊肉奇香，风味独特。也有说孔子周游列国时，四处碰壁，弟子将乞讨到的羊肉和鱼一起烹煮，发现味道竟然鲜美无比。

这只是关于鱼羊鲜名字的由来的传说，而这道菜为什么如此鲜美才是更让人想了解的。无非是羊肉中的鲜味氨基酸，如谷氨酸和天冬氨酸，与鱼肉中的多种呈鲜味的氨基酸，如谷氨酸和组氨酸，复合在一起，才使得这道菜的鲜美程度超过一般单一的食材。鱼宰杀后，其体内的蛋白质在酶的作用下分解，产生氨基酸，使其味道更鲜美，鱼中的浸出物，如氧化三甲胺、嘌呤类物质等，都有增强鲜味的作用。刚宰杀的鱼最好冷藏数小时再烹制，味道会更鲜美。我们日常的烹饪中，蘑菇和瘦肉、虾合烹，味道鲜美，其实也是呈鲜的物质复合在一起给人强烈的味觉感受。

　　滑雪让人念念不忘，美食的鲜美更让人回味。每当想起鱼羊鲜的美味，有种像是雪橇滑到锅里的欢喜，而美味让人记起一家人滑雪的快乐。

燕鲍翅的生活观

"坛启荤香飘四邻，佛闻弃禅跳墙来。""佛跳墙"，第一次听到这个名字的时候就觉得太生动了，眼前立马出现一个小和尚翻墙而过的画面。而且这个名字精准地抓住了这道菜的精髓——香，它是能让禅定的僧人急急忙忙翻墙寻觅的味道。但"佛跳墙"这三个字，如果没有介绍菜品，你根本不能从这个名字判断菜肴的材料、做法。这个名字太符合中国文人的"趣味"了。而如果用"燕鲍翅"作为菜名，就太直白，毫不含蓄。我想，"燕鲍翅"之所以不加修饰、不绕圈子，完全是因为这三个字有足够的底气，撑得起中式顶级美食的半边天。《明宫史》中有明熹宗喜食用鱼翅、燕窝、蛤蜊

坛启荤香飘四邻，佛间弃禅跳墙来

和鲜虾等多种原料制作的"一品锅"的记载，这大概就是最早的"燕鲍翅"。

在中国传统的高档食材中，有三种堪称极品的美味：燕窝、鱼翅和鲍鱼。这三种美味都与海有关。

鲍鱼其实同鱼毫无关系，倒跟田螺之类沾亲带故。它形状有些像人的耳朵，所以也叫它"海耳"。鲍鱼壳表粗糙，壳内呈现珍珠光泽。因为味道极其鲜美，所以居四大海味之首，号称"海味之冠"。俗话说"有钱难买两头鲍"，因为鲍鱼的等级是按照"头"数计，即一斤中有几个均匀大小的鲍鱼，"头"数越少价钱越贵。

燕窝，是一种叫金丝燕的雀鸟，利用苔藓、海藻和柔软植物混合它们的羽毛和唾液胶结而成。人们把这种燕窝取下来，经过选拣、提炼，就成为名贵的燕窝。燕窝中的主要营养成分是蛋白质，以及人体所需的氨基酸。

目前，鲍鱼和燕窝都可以人工培育或者人工干预养殖，所以产量和品质都有保证。唯有鱼翅，需要通过捕杀鲨鱼才能获取。鱼翅其实就是鲨鱼鳍，作为中国传统的名贵食材之一，始见于《宋会要》，是山珍海味中的一种，蕴含丰富的蛋白质，极其珍贵。但现代社会并不提倡食用鱼翅。

享有美誉的官府谭家菜"长于干货发制"，"精于高汤老火烹饪海八珍"，而清汤燕窝和黄焖鱼翅是其看家的大菜。

清汤燕窝这道菜中，煨燕窝的清汤"汤清如水，色如淡茶"，足见其制作精良，并有着独门的秘籍。

谭家菜对食材极为"苛刻"，清汤燕窝中的燕窝多采用泰国、菲律宾的贡燕或血燕燕窝，需耗时四五天发制，再经过反复的清水冲漂和细心清理后方可入清汤煨制。成菜的清汤燕窝形状饱满，色泽白皙剔透，入口清香扑鼻。

黄焖鱼翅更是谭家菜的经典之作。经过6至8小时焖制出锅的黄焖鱼翅汤汁浓醇味厚，翅肉翅针软烂糯香，金黄透亮，咸甜适口，南北皆宜。黄焖鱼翅的汤入口的刹那，汤中咸与甜的口味你中有我，我中有你，咸不压甜，甜中有咸，味道互不冲突，颇具中庸的味道。传说张大千当时在南京宴请宾客还要空运谭家的黄焖鱼翅宴。

　　海产品中蕴含了丰富的蛋白质，其中的谷氨酸更让人觉得海味格外鲜美。燕鲍翅中任何一种食材拿出来，都是鲜中极品，所制作的菜肴也都品质高端。而三种食材合在一起，用"奢华"二字形容，一点儿也不为过。

　　燕鲍翅的烹制方法有很多种，可蒸炖、红烧、红焖、煲汤，还可熬羹。蒸炖的做法可以很好地保持食材的原味鲜香，顶级食材用最简单的烹制方法反而最能展现其味道。红烧和红焖则适合口味略偏重的人，浓汤浓汁，看着就有食欲。

　　一直以来，燕鲍翅都是大厨的技术活，非一般的厨师所能把控，而沿海的厨师制作燕鲍翅的经验尤为丰富，以港澳的厨师更为擅长。随着内地经济的发展，厨师人才的流动，特别是内地兴起的燕鲍翅热，更多的人能品尝到燕鲍翅的美味。那或浓或淡的汤，那鲜美的味道，令人难忘。随着家常菜的流行，开启了舌尖上的转换。也许随着人们对生活的理解更为深刻，觉得家常菜的味道才是人间最悠长的滋味吧。

　　在追求美味的道路上，人类如果不懂得知足，不懂得敬畏，会造成许多可怕的后果。对野生动物的杀戮，对植物过度的挖掘采摘，会打破自然界的平衡，有不少物种因为人类的欲望而消失。美食让人类生存，给人带来快乐，如果人类在取用之时，能够多一些自制，地球上的生命就可以和谐共存，生生不息。

美食能给人带来快乐和满足，美食的终极目的，是让人在进食过程中感受到生理和心理上的幸福。这种非常主观的感受，吃自己喜欢的家常菜就能得到的满足感，吃燕鲍翅并不一定能得到。

"值那一死"吃河豚

"一朝食得河豚肉，终生不念天下鱼。"河豚堪称鱼中珍稀，古往今来为人们所喜食。河豚那份难以形容的极致鲜味，再加上一份游走生死边缘的刺激感，能让人回味良久。

河豚有剧毒。日本自江户时期就有吃河豚的风俗，但稍有不慎，豚肉的剧毒就会让食客吃上最后的晚餐。尽管如此，它的美味仍让人向往。苏东坡曾吃过河豚，当有人问"其味如何"时，幽默风趣的苏东坡说："值那一死。"

河豚肉嫩味鲜，营养丰富，生活在咸水与淡水相交处的水域，为我国黄海、东海以及长江流域的特产。

河豚自古就闻名遐迩，宋代苏东坡有诗曰："竹外桃花三两枝，春江水暖鸭先知。蒌蒿满地芦芽短，正是河豚欲上时。"每年二月至五月，正是河豚发情的季节，此时大批河豚上溯产卵，是吃河豚的好时候。河豚味虽鲜美，但体中含有毒素，如操作和烹饪不得法，人吃后会中毒身亡，故有"拼死吃河豚"一说。

都知道吃了有剧毒的河豚会致命，日本人却趋之若鹜。日本人对河豚宰杀十分严格，据说厨师都受过专门的训练，锋利的刀刃，恰到好处地把鱼肉和内脏剧毒的部位分离，让人们能十分安全地进食美味。日式的河豚刺身是最好吃的，每一片鱼肉厚度精准到1毫米，真正让你见识什么叫"薄如蝉翼"。一整盘端上来，晶莹剔透、错落有致的摆盘，视觉上就让人赏心悦目。甜甜的河豚挂着咸中带酸、酸中带辣、辣中带鲜的汁，吃一口，口腔中充斥着复杂的味道，嚼一下，新的刺激接踵而来，在味蕾中爆发，你甚至舍不得把它们咽进肚中。那种幸福和愉悦的感觉，让你无法不对食材和匠心心怀爱与感恩。

我也冒死吃过河豚，不过吃的是人工饲养的。但大

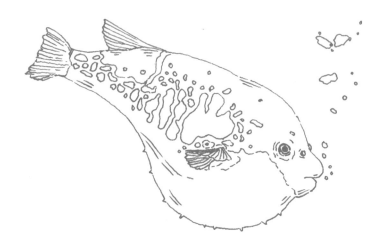

家还是有些担心，毕竟"剧毒"两个字沉甸甸地压在大家心头。好在厨师坦荡地走到餐桌边上，信心满满地把传说有剧毒的河豚肝脏吃进了嘴里。大家看着没事，这才放心食用。宰杀河豚时要让河豚生气，而让带刺河豚生气很简单，把它从水里捞出来它就会气鼓鼓的。河豚的鱼皮是有刺的，如果直接吃进去，肯定会扎喉咙。正确的食用方式是，将鱼皮带刺的一面卷曲和包裹起来，让带鱼肉的一面可以顺利地进入喉咙，吃的时候，要将整个鱼皮一起吞进喉咙去。吞食的感觉不太舒服，让人眼睛直翻，喉咙难受，把一件本来愉快的事情，搞得像

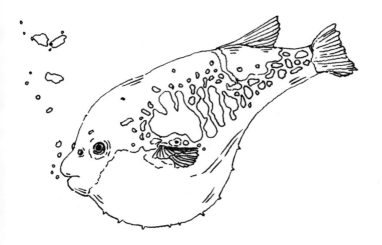

受刑似的。折腾完了，开始吃肉喝汤了，浓稠的胶汁，鲜美的味道，黏稠得可以把嘴巴黏住，七咂之后，尚有余鲜。那鲜美的汤汁，好吃得让人连吃几碗米饭，应验了"不能泡饭的菜都是耍流氓"的说法。这样难得的美味，让人忘记了吞鱼皮的难受。

在吃这件事情上，有时真的需要大胆才行。鲁迅曾说，第一个吃螃蟹的人，才是真的勇士。我们常说一方水土养一方人，从小到大，人们都有着自己习惯和了解的食物，对陌生的食物，多少有些胆怯。难怪有的到海外旅行或者留学的人，会带上一点家乡熟悉的美食，因为熟悉的美食的味道最让人安心。我去过云南，当地有一道"炸蝉蛹"的菜，突破了一般人对食物的认知，从看到吃到嘴里，是需要勇气来突破的。

鲜艳的蘑菇有毒，好吃的河豚也有毒，好在在人工饲养技术发达的时代，可以任性而安全地把美味吃到嘴里。人工饲养的河豚和野生的味道是不是一样，此时已经显得不太重要，虽然吃的是人工饲养的，但大家好像都把它当作野生有危险的河豚来食用，因为谁都想做一个勇敢的人。人生总要勇敢一次，抛下一切顾虑，去做你真正想做的事，何况那河豚的味道还鲜美无比。

烟火气里味更浓

　　小时候，街头巷尾爆米花的师傅一声"米泡响了"的吆喝声后，小孩就会捂起耳朵，只听见"轰"的一声巨响，米泡朝长长的米袋喷射而出，空气里弥漫着一股香甜的味道。

　　我们常说的味道，仅仅是食物风味的一部分，并不是全部。风味来自味觉和嗅觉的结合。当我们说风味时，通常用味道一词来表达。事实上，我们品尝到苹果的甜味，这种甜是结合苹果特有的气味之后，才形成的独有的风味。味觉来自舌头，嗅觉来自鼻子，而所谓的风味则是大脑接受多种感官的信号后产生的综合感受。过往的经验和记忆可以让熟悉的风味再现，还可以告诉我们不同食材之间搭配的风味特点，对一些没有接触过的食材，有经验的厨师往往是先嗅一下气味。所以，经验丰富的厨师，不动筷子就能感受食物的味道。

对味道的复杂，《吕氏春秋·本味篇》中伊尹说："精妙微纤，口弗能言。"说的就是味道的微妙。味道并不是风味中最重要的部分，只占风味组成的20%左右，另外的80%则来源于气味，这也就是我们常说的烟火气的味道更浓的缘由。

孩子的嗅觉和味觉总是更加灵敏。墨鱼烧肉特有的海腥味道，糖醋带鱼散发的酸醋味道，伴随着厨房的温度逸出，诱人食欲，这种味道往往总是被孩子们最先捕捉到。臭豆腐干是"热情好客的"，它浓郁的烈性的香味弥漫在周围的空气中，让人"未谋其面，先闻其香"。烤红薯焦煳煳的，周身满是草灰，嗅一嗅，香喷喷的气味马上会进入人的五脏六腑，令人"口水直流三千尺"。

热气往往伴随着香气，大多数卤菜都是在热气腾腾的时候散发出最多的香味。吃东西，人们习惯

风味来自味觉和嗅觉的组合，烟火气就是我们的生活气息

先闻闻，这既是祖先留下的对食物鉴别的方法，也是人们享受美味的技巧。冷香的东西，往往需要在口中咀嚼出温度后，香味才得以挥发和被感知。我们常说"一热三鲜"，大多是脂肪的香味带给人鲜味的感受。

"锅气"是非常重要的。起锅之后1分钟之内吃，跟5分钟之内吃，味道是不一样的，跟50分钟之后吃，更有天壤之别。"一热三鲜"，说的就是热气腾腾的美食给人的感受更加强烈，味道更加浓郁。有经验的烹饪大师都知道，豆腐这种美味，最好是吃热的，也就是要带着"锅气"吃。

风味很复杂。从加工的牛肉、猪肉、鸡肉、羊肉中分离出来的风味化合物有1000多种。如今生物基因食品的风味，正得益于风味的研究成果，一些称为火星食品的生物基因食品的口感接近真实的食材：豆制品保持了真实的口感，且没有豆腥味；动物食品去掉了高脂肪，口感也很接近。食品没有了高糖的困扰，营养又美味的食品，已经来到我们身边。

有些时候，风味是加热后产生的，肉的香味就是如此，比如肉圆、红烧肉，佛跳墙也能在高温下分解油脂的芳香。我自己在家里做的红烧肉，没有油炸，只用水煮，简单调味，一样好吃而味美。因为我把握住了时间这个关键，也就是所谓的火候到了，什么味道都出来了。

烟火气里的美食味道总是特别好。如今的酒店，有的设置了开放式的厨房，是为了让顾客参与感强一点，小饭馆就不用说了。记得小时候，母亲带我去一家名叫天得鲜的餐馆，一进去，那种热气腾腾、夹杂着肉圆香味的气味，还没吃，鼻子已经让肚子受不了了，嘴馋更是自然的事情。这种气味的诱惑在夜市和烧烤摊上更是显露无遗。烧烤是人类祖先带给我们的记忆，那种烟熏火燎的烧烤，肯定要比无烟的烧烤味道浓烈得多。

有了烟火气的食物，生活就充满幸福，那味道里，有更多的情感。

随着城市的发展，大量的菜市场被改造，其中一个变化就是熟食店进入了菜市场。在菜市场里，人们买点菜，顺便吃一点自己喜欢和熟悉的食物，真的是回家锅里有菜、出门在外碗里有香，从内到外，烟火气不散。

烟火气就是我们的生活气息，告诉我们：只要碗里不空，无论走到哪里，人生都不会空虚。

人生总得"酱"一回

　　调料和食材的多变和神奇，让人们对美味有着美妙的期待，好吃的酱料，有时像滋味悠长的亲吻，令人久久回味。各地都有自己酱料的制作和调配方法。酱料有的泼辣、刺激，有的温润、甜蜜，有的可口、简便，可搭配面包、点心、面条、稀饭、干饭，或烹制菜肴时将其作为调料，简直是百搭。酱料散发出沁人心脾的味道，让你闻了就垂涎三尺，并且还会吃到一种幸福的滋味。

　　千岛酱是色拉酱的一种，似乎是麦当劳的标配酱料包。千岛酱甜腻奶香，有人形容它像一个过度粉饰自己的粗俗女子，毫无气质可言，充满了人工雕饰的造作。

而青春靓丽的草莓酱，带着阳光的味道，搭配点心，浓郁香甜。制作时，将草莓切丁，加入白糖腌制3个小时左右，然后搅拌成泥，或压榨出汁来，加入牛奶、蜂蜜、柠檬，然后放入锅中小火慢熬，让水分蒸发即可。草莓酱放入口中，根本不用嚼，含在口中一会儿就化掉了，唇齿间留下一丝淡淡的清香。酸酸甜甜的草莓酱，味道好极了。

橙汁酱和辣椒酱是各自存在的，然而，也许是辣椒酱太辣，人们不太能接受，加点甜酱，既增加风味，又缓和辣的刺激，于是甜辣酱就这样诞生了。甜辣酱和油炸的食物有着天然的牵连，就像是配合默契的夫妻搭档，少一个就感觉不自在。炸鸡块配上甜辣酱，油脂的芳香和甜辣的刺激，让味蕾跳动着狂欢，让味觉有一种新的体验。就像与烤鸭搭配的甜面酱，没它，就油腻，有了它，烤鸭就像有了灵魂。

湖北人吃炸春卷、炸藕圆喜欢配辣椒酱，辣椒酱把藕圆的香味辣到我们的肠胃和血液，以至于每一个毛孔，可口，刺激，香甜，爽快。

牛肉酱是近年来最热门的酱料。制作时，牛肉和郫

《论语·乡党篇》中记载孔子有八不食，其中有"不得其酱，不食"

县豆瓣加甜面酱，以及酱油、蚝油、甜椒、小米辣、西红柿、大蒜、玉米油、杏鲍菇、芝麻，光调料就让人垂涎欲滴，复合的味道，可让味蕾狂欢，口味更是细分为甜味、淡甜味、微辣味、麻辣味，甚至还有孜然味。

豆瓣酱是川菜的灵魂之所在，用四川井盐制作的豆瓣酱，有种特殊的风味。这种用来做菜的酱料，是不适合直接吃的。时间的浸润和技艺的加持，让郫县豆瓣风靡全国，成为川菜的灵魂酱料。

瑶柱酱被称为酱中的极品。制作时，将瑶柱和海米提前用温水和料酒浸泡，然后将瑶柱撕碎，上锅蒸10分钟，加火腿、香菇、蒜末、辣椒等，用油爆香，慢炒，有的还用洋葱去腥，花生提香。瑶柱酱保留了海鲜的鲜香，充满了嚼劲的火腿、虾米、瑶柱各自散发鲜味，鲜上加鲜，越嚼越劲道，回味带甜。用它下饭拌面，主食沾染了海鲜的浓香和酱汁的油润，也立马变得风味无穷。瑶柱酱香浓入味，肉质鲜嫩，不油腻，且一点不咸，其鲜味让人流连回味。饿急的时候，来不及做复杂的餐食，在包子和面包片上抹一点瑶柱酱，那种情投意合的美味，会让人沉迷于这样的鲜、香、爽之中。

食物都有自己的国度，酱料也一样。西餐中的酱料也是种类繁多。墨西哥有种叫瓜卡莫利的酱料，好比酱料中的辣妹，总是让你辣到爽。还有配面食吃的青酱和奶酪酱，印度的咖喱酱，以及大家熟悉的做色拉用的有点俗气的千岛酱，五花八门。和异域的食物一样，这些酱尝一下可以，放开吃的话，胃可能会有点难受，因为那不是我们的肠胃熟悉的味道。

谁都有和酱相逢的时候，有一次我就在酱里翠了一回。我有个亲戚家的奶奶，是北方人，喜欢吃水饺，总是自己小火慢熬芥末酱。奶奶活到九十多岁，我对奶奶记忆最深的就是奶奶做的芥末酱。

操着北方口音的奶奶，用小碗盛装着黄色的芥末，用煤炉子小火慢熬，芥末酱慢慢变稠，一股香味扑鼻而来。奶奶问我："你吃得惯芥末吗？"我说奶奶做的肯定好吃。对美味的向往，让我有点忘乎所以。我夹起饺子，在绵稠的淡黄色的芥末酱里蘸了一下，送进嘴里，一股热辣从鼻腔直冲头顶，冲得我直瞪眼睛，大口吸气，想让这种强烈的辛辣缓和一点，当芥末的热辣慢慢消退时，我早已经热泪盈眶。一旁的奶奶笑开了花，说着："没事的，没事的。"饺子是什么味道早已经忘记，但芥末的味道却深深印在我的脑海里了。这可能是我对酱最深刻的记忆了，也是我骨子里最"酱"的记忆。

"手握寿司"说日料

　　吃日料，寿司必不可少，3度的生鱼片和36度的醋饭是寿司的完美组合，而手握寿司，有了人的加持和把控，带着人的体温，是最典型的寿司形态。不管哪种寿司，一口吞下让食材的味道混合在一起，就是最好的品鉴方式。

　　日本料理，被冠以"眼睛的菜"的美誉，一道道造型精致，有如风景画一般，让人惊艳。寿司对食物原始味道的推崇无与伦比，随着季节的变换而选用食材，春季吃鲷鱼，初夏吃松鱼，盛夏吃鳗鱼，初秋吃鲭花鱼，深秋吃刀鱼，冬天吃鲋鱼和海豚，体现了中国传统文化中"不时不食"的思想。日料选材多以新鲜海产品和新

咸鲜的鱼子和清甜的虾肉是寿司的主将

鲜时蔬为主，口感清淡，色泽艳丽，少油腻，制作方法以煮蒸烤为主。

我们赞叹日料师对于器皿的考究，感叹日料色彩丰富的食物搭配与精致的摆盘，所有这些造就了日本料理特有的美感。日本料理摆盘精致，推崇"不对称美"，奉行"极致简单的风格"。在干净的碟子上面，放上一朵雕刻好的简单的蔬菜花，总能在不经意间，展现食物的自然美。

日料店是我偶尔光顾的美食之地，薄薄的醋泡的开胃姜片和辣口醒脑的芥末，让人仿佛醍醐灌顶。和风牛肉饭是我的最爱，牛肉的香醇和米饭的悠长滋味，加上洋葱的香甜，是完美的搭配，令人愉悦的相逢，就像伴侣彼此的懂得，就像知己的邂逅。寿司和生鱼片中，可能要数金枪鱼腹最为美味了，它肉身肥美，油脂丰腴，极致的肥美甘甜，入口即化，美妙至极。而烤鳗鱼柔软香滑，吃起来会让人感觉有点油腻，要赶紧用淡红色的酸甜生姜片调和一下。

吃寿司要先吃颜色浅的、味道清新的，再吃颜色深、味道重的，最后吃厚实的贝类。吃完鱼记得把盘子下面的萝卜丝吃掉，可以让口中的味道清爽些。吃寿司最好喝点味噌汤来暖胃，要把带有生鱼片的一面蘸汁，千万不要将带有米饭的一面蘸汁，否则米饭的味道会盖过生鱼片。生鱼片蘸汁蘸三分之一为妙，多了的话，生鱼片的鲜美会被调料压制住。

曾在日本待过几天，我这副"热心肠"，对日料的大多偏冷和生熟混杂的吃法真有点不太适应。但喜欢尝试新奇味道的我，偶尔也会在正宗的日料店里，感受着日料和中餐的不同之处。

日料常见的品种有生鱼片、天妇罗、味噌汤、铁板烧、寿司、拉面、寿喜烧、烤牛舌等。其实不管品种有多少，不外乎刺身、煮物、烧物（烧烤类）、杨物（炸类）、蒸物、醉之物（醋伴的凉菜）、御饭（米饭和味噌汤之类）等。而中国饮食的悠久性、合理性、完整性，内容上的丰富性和成熟性，是日料所没有的。

日料的品种不多，但日料匠人的"神"很多，日本有个"寿司之神"小野二郎，96岁的高龄，他做寿司的时候，随时观察食客的进餐情况，调整制作的速度和上菜的次序。天妇罗之神——早乙女哲哉，他炸天妇罗

时，看油温如同看大海，他的炸筷
就是指挥棒，在薄薄的酥皮里，藏着甘
甜而有弹性的虾肉。日本的忠文化和武士
精神是工匠文化形成的基础。日料匠人认为不好的作品
是对自己的侮辱，也是自己的耻辱。所以他们给客人的
毛巾是和人体的温度一致的，小野二郎对虾肉、鱿鱼等
肉制品要进行长时间的手工按摩，这样制作出来的肉制
品不会像橡胶一样，而是有软糯的口感。

　　日本料理非常注重食材的新鲜，日料大厨们在匠心
下还原了食材最本真的味道，自然、原味是日料的精神
所在。其烹饪方式精致细腻，以糖、醋、酱油、味噌、
昆布、柴鱼为主要调料，注重触觉、味觉、视觉、嗅觉
以及器皿和用餐环境的搭配，所以有人说日本料理是视
觉的艺术。

　　美国人大卫·贾柏拍摄的《二郎的寿司梦》（又译

为《寿司之神》）以及《深夜食堂》《孤独的美食家》
《天皇的料理人》之类的商业佳作，对日料的风行起到
了推波助澜的作用。

　　如今，年轻群体崇尚健康，西餐中的奶油、黄油、
芝士太腻了，日料因低油、低盐受欢迎，也就不足为奇
了。日料精致的摆盘，刺激新颖的口味，加上轻奢的价
格，不仅是请客的好选择，就餐的同时，还能观看厨师
烹饪菜肴，不失为一件颇为时髦的事情。

洋葱的美味都是技法给的

　　洋葱味道独特，香甜可口，为很多人喜爱。洋葱好吃，不好伺候，加工的时候，往往被它那辛辣的味道刺激得泪流满面，难怪演员有时哭不出来，来点洋葱，保准效果明显。

　　洋葱有强烈的香气，自古就备受人们的重视。欧美国家誉之为"菜中皇后"。一位美食家说："没有葱头，就不会有烹调艺术。"美国南北战争时，北方军总司令培兰特曾向陆军部告急："没有洋葱，我不能调动军队。"原来，士兵中不少人患上了痢疾。次日，陆军部送来了一列车洋葱，解救了遭受痢疾危害的军队，部队的战斗力迅速恢复。

　　洋葱（学名：Allium cepa），别名球葱、圆葱、玉葱、葱头等，百合科，属二年生草本植物。洋葱品种多，普通洋葱，一般可以其鳞茎的形状而分为扁球形、圆球形、卵圆形及纺锤形，也可以按照葱皮的颜色分为红皮、黄皮、白皮。在意大利，洋葱有二十多个品种，西方人几乎离不开洋葱。

　　最多见的紫皮洋葱，就是常见的红皮洋葱，是我们平时吃得最多的一种。这种洋葱的外形略微扁一些，味道浓郁，脆嫩，偏辛辣而非甜，这也是紫皮洋葱辣眼的原因（防止流泪的方法就是，把洋葱切开后在水下面冲洗，快速切制），多用于做牛肉酱、凉拌菜。

　　最好吃的是黄皮洋葱，这种洋葱外皮是淡黄色的，也有一些呈铜黄色，外形往往是圆的。黄皮洋葱所含的水分略少，切的时候就没有那么辣眼睛。但是它的味道更甜，并且肉质也比寻常的洋葱绵柔，口感甜润。平时大家炒肉丝、炒鸡蛋多用黄皮洋葱，日式料理的和风牛肉饭里的洋葱也是它。

不常见的是白皮洋葱，这种洋葱有点像根部发育太好的普通小葱，只是从葱头看出它是洋葱而非小葱。它的外形白白圆圆的，产量也不大，口感柔软，多用于做饺子馅或者搭配制作奶油等。

洋葱性平、味甘，能清热化痰、解毒杀虫、和胃下气，还能缓解压力、预防感冒，对高血压、高血脂、糖尿病、动脉硬化、癌症均有调理作用。洋葱还能清除体内氧自由基，增强新陈代谢能力，抗衰老，预防骨质疏松，是适合中老年人的保健食物。洋葱营养丰富，含有丰富的钙、铁等微量元素和多种维生素，还含有一种叫"硫化丙烯"的挥发物，具有杀灭多种病菌的作用。洋葱具有降血脂的作用。有则趣闻，20世纪70年代初，一位法国人将吃剩的洋葱给一匹患有凝血病的马吃，不久，发现马的凝血块消失了，病也痊愈了。这一意外的发现，引起了医学工作者们的重视。经研究发现，洋葱中的洋葱精油可降低高血脂病人的胆固醇，改善动脉粥样硬化。

洋葱好吃，怎么加工才好呢？有的人不明白洋葱品种的特性，在菜起锅前将它当葱用，自然辛辣有余，难呈美味。这是因对食材个性缺乏了解，不能善待食材造成的。食材就是这样，你善待它，它才向你展示温柔。

红色的洋葱味道辛辣，多用于烧制野味；用来做凉拌菜也挺有个性的，切丝配色，煞是好看。做蔬菜沙拉，或是黄澄澄的芒果虾仁，寥寥数根洋葱丝，再来点白醋，足以让味道更加鲜明而有个性。

日式料理的和风牛肉饭中的洋葱，以及我们平常喜欢的洋葱炒鸡蛋和洋葱炒肉丝，多用黄皮洋葱。和风牛肉饭中的洋葱，多是加盖先蒸十分钟后再加以使用，这样制作出来的洋葱柔软香甜。而洋葱炒鸡蛋、洋葱炒肉丝，最常见的方法是用小火将洋葱煸炒出香味，并使其变柔软，再和鸡蛋、肉丝一起炒制。这是制作洋葱的关键。有的人不知道这一点，大火猛炒，和鸡蛋、肉丝一起炒，往往难以呈现洋葱的甜味，倒是让洋葱的生脆过于突出，完全没有洋葱细腻芳香和令人愉悦的口感和味道。

白色的洋葱更适合做精致的菜肴或搭配制作奶油之类的美食。在意大利菜中，常将洋葱油炸，再与葡萄酒和肉汤混合制作肉酱和酱汁。

洋葱熟时香甜，生时辛辣。香味是在小火里慢慢加热才渗透出来的。记住，将黄皮洋葱切片、丁、丝、条、块，不管什么形状，小火炒香，炒至发软，再将其作配料下到主料里。洋葱以自己的甜津津和软绵绵，与食材完美搭配，既有自己的风格，又凸显主材的特点，恰有美美与共的品质和特点。

美酒佳肴万千味

美食是情感的载体，而酒是灵感和情感的催化剂。有酒就要有菜，到底是美食激发了酒性，还是美酒激发了食欲，似乎并不重要，重要的是美酒和美食好像谁也离不开谁。

对清香、酱香、浓香之类的酒的区别，我倒没有什么研究和感受，但好酒入口的绵柔和热辣还是感受过的。我曾经参加名酒品鉴会，对制作酒的原材料一一嗅闻。桂皮的浓香，玫瑰的花香，巧克力豆的咖香，酱油的酱香，开心果的干香，这些气味似乎都能在后来的酒的品尝中找到。

有热爱生活的好友，在酒和食上见地不少，多次和我交流，让我这不太爱喝酒的好吃佬受益匪浅。很少有人能把喝酒时对美食的感受描绘得如此有趣，当谈到吃北京烤鸭品酒时，他把酒和美食搭配的精妙描述得活灵活现。他写道，荷叶饼卷蘸酱大葱、烤鸭片，滋味复杂，味道虽好，油腻却难以化解，还会有种主食感，而此时端起"倒满燕岭春的酒杯，一杯见底。瞬间，油消腻散，口腔在这绵柔醇和的高度酒浸润下清爽甜净，同时伴随着馥郁的酒香袭来，酱香催化着脂香，脂香烘托着酱香，浓郁交织；后香包裹前香，口腔回旋鼻腔，层叠荡漾。实非茶水可达的饮食绝配！吃香喝辣，原来如此。"

　　对佐酒菜他也有自己的心得。他说，油炸花生米最适合配白酒。它经久耐吃，又不妨碍聊天，"越吃越酥脆，越嚼越香甜，基本不会吃厌。没它在桌，喝酒的底气都会差些。有它佐酒，不怕其他菜不下酒。而且富含油脂的它，能将酒的魅力完美体现。"其次推兰花豆，"兰花豆也是油炸的香，类似的茴香豆下酒也不错，咀嚼起来软绵可口，满口生津，五香馥郁，咸而透鲜，回味微甘，越嚼越有味，入肚还暖胃。……有民谣云'桂

美食美酒总相伴

皮煮的茴香豆，谦裕同兴好酱油，曹娥运来芽青豆，东关请来好煮手，嚼嚼韧纠纠，吃咚嘴里糯柔柔'。"

冷荤也是佐酒的绝妙选择，凉拌猪耳朵口感爽脆，能勾起喝酒的兴致。凉拌猪头肉带着一股越嚼越香的劲道，是佐酒佳品。滋味丰富的卤菜配高度白酒尤佳，口味越重，越能均衡味蕾。凉拌卤牛肉或酱牛肉是穿越古今的下酒菜，备受古代英雄豪杰的喜爱。因此，大碗喝酒，大口吃肉，被视为豪迈酒客的标志。

东北的特色冷盘菜中也不乏佐酒佳品。如哈尔滨红肠，看着红艳诱人的颜色，闻着用特殊方法熏制的肉香，嚼着肥瘦相间的肉片，虽不及筋头巴脑的酱牛肉味足，也别有一番佐酒风味。蘸着调料的肉皮冻，吃起来又是一番味道，在口腔内与酒融合，令酒友欢快。

佐酒的热菜太多，这里只说一素一荤。酸辣土豆丝酸的解酒，辣的开胃，冷热皆宜，爽口实惠，酒友对它颇为偏爱。懂得以炒田螺或炒螺蛳下酒的，肯定是行家。吃几个炒田螺，嗦几只螺蛳，再呷吧几口酒，这样的美味，让人停不住嘴。

一方水土养一方人，不同地方有着不同的酒菜搭配。醇辣、香浓、酸鲜的黔菜，与醇香馥郁、幽雅细腻、浓厚丰满的酱香型白酒一起，可称为"地作之合"。贵州喜酸，有"三天不吃酸、走路打蹿蹿"的民谣。无论荤素酸菜，都清淡爽口、酸味醇和。菜肴中的酸，可以提高酒体的饱满度。单独喝酱香型白酒，本就感觉有点酸味，且微带苦涩，配以酸味菜肴，反而感觉酒有甜味。湘菜也适配酱香型白酒。湘菜以香辣菜和腊味菜为主，无论是腊味合蒸等腊味菜，还是永州血鸭、岳阳姜辣蛇等香辣菜，其鲜美的肉质、辛辣的口感，与甘美回味、香味厚重的酱香型白酒搭配，在口中交织出馥郁的香气。在香辣的衬托下，白酒更加细腻柔顺，余味悠长。

江浙人吃螃蟹时喜欢喝黄酒，有人则喜欢小酌酱香型白酒。螃蟹中最鲜美的膏黄，唯有入口柔绵的酱香型白酒可承接转化，也唯有香气浓重的酱香型白酒可与之匹敌。一口美酒，足以荡涤膏黄的肥厚、满嘴的黏稠。而回味悠长、留香持久的酱香，又能在口腔内与膏黄香缠绵交织，经久不息。此外，以取材广泛、醇浓并重、善用麻辣调味著称的川菜，最适宜与浓香型白酒相配。

　　酒和美食的搭配奇妙无穷，喝酒讲究用对应的食材平衡味道，方能品出妙味。

　　喝酒的人，可能因味蕾的麻醉，少了一点对鲜美的感受，但酒体和酒香产生的欢愉，是不喝酒的人无法体会的。什么时候，我也来几颗花生米，来点卤菜，炒一盘酸辣土豆丝，喝几口酱香型或清香型的小酒，感受下喝酒时才能享受到的美味。不然逢人说自己最好吃，仿佛都差点底气。

中国胃在欧洲的"自由吃"

2015年的欧洲自由行令人难忘，而伴随的美食"自由吃"更是给我留下了深刻的印象。

不同于以往吃过的飞机餐，飞往欧洲的汉莎航空的西餐菜品，餐前酒，焦脆的餐前面包，奶油蘑菇，水果沙拉，汤品，副菜，主菜，甜品，应有尽有。菜品分量不大，但味道地道，令人惊喜。这让我对接下来的欧洲之行充满了期待。

第一站是德国慕尼黑的公园。欧洲人喜欢户外就餐，到了晚餐的时间，偌大的公园，人满为患，蔚为壮观。在国外语言不通，所幸，对着餐单指点，扎着辫子的金发女服务员也能明白。德式的麦芽啤酒香浓好喝，不可错过，最负盛名的烤猪蹄自然也要有。等了一会儿，酒菜上来了。猪蹄虽然焦脆，但口感太硬，吃起来相当费劲。除了白色的香肠还能让人接受外，实在没有什么让人留恋的美味。行程第一餐的"自由吃"让人对接下来的美食之旅甚为忐忑。难怪有人说，德国的前菜要比主菜好吃许多。

　　来到意大利，餐厅的老板大多热情好客。最好吃的意式面条没有被宣传，倒是黑松露的招牌很醒目。通过老板的手势和眼神，你就知道他在把黑松露比成天上的星星，让你觉得不吃一辈子便会有遗憾。关于珍贵的黑松露的味道，众说纷纭，人们说它是蘑菇的味道，蒜头的味道，湿泥的味道，腐烂的树叶的味道，等等；也有专业闻香师说它的味道是汽油中夹杂着一些蒜味和臭鸡蛋的味道。所以，黑松露到底是什么味道，只有亲自品尝过才知道。实际上，黑松露的做法也很多，可做成黑松露芦笋虾球、黑松露炒饭、黑松露炖鸡汤等。食材的搭配是让黑松露好吃的关键。而在意大利街头餐厅吃到的这道黑松露，没有让我尝出什么所谓的泥土或蒜头之类的味道，而是淡而无味。对我们这种口味较重的人

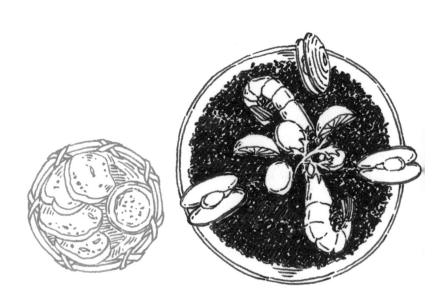

黑乎乎的西班牙海鲜墨鱼饭

来说，如果不是带着文化和食俗研究的心态去品尝，这餐美食，索然无味。看来做好"自由吃"的功课的确很重要。

捷克的布拉格是令人神往的城市。红色的屋顶，泛蓝的湖水，不时和游人戏耍的天鹅，大桥上有故事的雕塑和艺人，让时间慢了下来。然而再慢，饥饿的肚子也会提醒你到了吃饭的时候。我们来到离查理大桥不远的一家餐厅。清净的氛围，优雅的格调，让人的味蕾有所期待。欧洲的意面和蘑菇汤十分普遍，然而最令人惊喜的是最后一道名为"冰火两重天"的甜点。只见白色的冰激凌和咖啡色的巧克力球紧挨在一起，当巧克力球被刺破，滚烫的巧克力液似熔浆一样倾泻出来，给人意外的惊喜。这里正宗的西餐味道和创意的甜点给了我们对于欧洲"自由吃"的期盼。

到了法国，最让人印象深刻的不是法国的凯旋门和夕阳下的美丽鲜花，而是米其林餐厅。餐厅一般需要提前预订，要求进餐的食客穿戴整洁。来到餐厅，报上预订时留下的名字，等候片刻，迎宾把我们带到二楼的餐厅。百年的西式老店空高极高，温馨的吊灯营造了优雅的进餐环境。法餐是世界有名的大餐，令人印象最深的还属鹅肝。小方块的鹅肝，带着一点淡粉色，入口丝滑细腻，远比口感一般又淡而无味的黑松露好许多。温度适口的烤蜗牛也爽脆Q弹，鲜美多汁。"自由吃"似乎渐入佳境了。而后，我们又从南法美丽的乡村公路自驾到弥漫海边风情的尼斯。中午时分，酒店附近居然找不到餐厅。我们好不容易在稍远的地方找到了一家，居然是越南餐厅，它香甜咸鲜的芒果虾仁，完美地诠释了味道的全球化进程。

欧洲最浪漫和最有趣味的还属西班牙的巴塞罗那。那里不仅有梦幻的圣嘉教堂，还有众多的风味餐厅。给人印象深刻的美味是一种红葡萄水果餐前酒，被稀释了的冰镇葡萄酒和水果的香甜融合在一起，令人胃口大开。西班牙著名的墨鱼饭，虽然对我们而言是半生不熟的米饭，但它软中带硬耐于咀嚼的口感，正是墨鱼海鲜饭的特色。在鲜美的墨鱼汁加持下，黑乎乎的米饭也鲜美得让人欲罢不能。

英国作家J.A.G罗伯茨在《东食西渐：西方人眼中的中国饮食文化》中写道："西方人和中国人有着本源的

民族差异性，但他们一定会在求同存异中愈走愈近。"

欧洲觅食之行，让我对欧洲人的饮食有了一些了解。我认为西餐没有想象的那样好吃，也没有想象的那样难吃。对一个有着强烈家国情怀的"中国胃"来说，出门太久就会想念家的味道。就像我回到武汉，一定会设法喝到一碗排骨藕汤。虽然很烫，但那种吃上家乡熟悉美味的润心感受，才是回到家的感觉。

饕餮盛宴难俱陈

每年的春季，中国烹饪大师余明社先生都会在他事厨的湖锦酒楼举行新品发布会，行内俗称"春客宴请"。我因《吃的智慧》一书的出版，有缘和三十年前就相识的余大师相见。我一直仰慕余大师精益求精的技艺，美食在他的手里，有了自己独特的个性和思想，他的餐盘充满了美的意蕴。一直仰慕大师的美食作品，而我有幸被邀请参加大师监制的饕餮盛宴，真是荣幸之至。

盛宴开启，每位客人面前摆放着"蜜香鸡心黄皮豉佐琉璃冰激凌凤梨萝"的开胃菜，错落有致的米其林造型，美美的仪式感直接拉满。大厨对我说了一句民间谚语：饥饿的时候吃荔枝，饱的时候吃黄皮。看来，这场盛宴，大师一开始就给大家做好了消食的准备，可谓用心至极。而黄皮的味道酸甜均衡，不满不懈，恰到好处。一开始就让人品出文化的味道，让人觉得美不胜收、格调满满。

最先上来的是一道"神农蜂胶王佐九年百合"。百合洁白无瑕，四周点缀着晶莹剔透的水滴拉丝，不多不少的蜂胶的点缀，恰似红袖伴霓裳，让人惊艳不已。这道菜既有清水出芙蓉的美丽，又有肤白肌润奏唐音的美妙。轻咬下去，一点冷冰感觉，如同冰美人，惊艳中带着沉静。味道是淡淡的甜，轻柔的脆，还能尝到百合中淀粉的羞涩口感，凸显了食材的本色和本味。只有真善美的东西才能打动人，大师作品一登场就令人拍案叫绝。

一盘金盏托装的"花椒水煮生蚝配本地丝瓜"引

起了我的注意。绿色的本地丝瓜翠绿鲜嫩，整只的干螺丝椒，色红艳丽，而青花椒的深绿映衬着丝瓜的浅绿，光是颜色就美不胜收。而青花椒味道麻辣，配上嫩嫩的生蚝，咬上一口，生蚝的鲜美和着花椒的麻辣，瞬间让你的舌尖都要舞起来。这种山海的呼唤和田园诗意的搭配，简直脑洞大开，让人涎水直滴。

继续呈上的是"葛仙米煨花胶公佐黑醋"，花胶也是深海的鱼鳔，大师采用水发和油发两种方式，一是口感的对比，二是技法迥异，而鲍汁的加持，令味道鲜美无比。每一口都挺肥厚，咀嚼起来，有的带点Q弹，有的软软糯糯，浓稠的胶汁，令人咂嘴之后，尚有余鲜。而大师巧妙搭配一点湖北的景阳优质大米，满足了"凡能拌饭吃的都是会吃的"饕客之愿。一道花胶公的美味佳肴，如同音乐会的主旋律奏响到了高潮，让人有点把持不住，席间"不错，好吃"声不时传出。饕餮天胶宴千呼万唤始出来，举杯畅饮尽解馋。

一道色泽酱红透亮、几缕绿叶新枝中藏着数颗红色果肉的"年份陈皮炙大别山羊肉"跳入眼帘，大有"枝间新绿一重重，小蕾深藏数点红"的韵味。入口的刹那，羊肉犹如经典的灯影牛肉，薄得透光，红得发紫。陈皮的药性本身就是中国传统文化思想的体现，陈年陈皮的香味潜入肉中，一口咬下去，淡淡的甜辣香，把人的味觉撩拨得欢快起舞，那韧中带脆的味道，让咀嚼仿佛找到了知音。多年陈皮的食物搭配，让食物有了彰显传统文化的魅力。众多中西合璧的美味佳肴，如"温拌活海参八爪鱼螺肉""玫瑰盐板鱼子酱化皮腩""咖喱膏雨露树番茄配面包"等，无不彰显着餐饮人在中西文化的融合中，用一招鲜走遍天的雄才胆略。

菜品一个个地端上餐桌，每一道菜都有一个故事，每一个菜，都有不同的口感，既有精美家常小菜的雅俗共赏，又有饕餮美食的阳春白雪。美味佳肴琳琅满目，大师之盛宴，倾注了他全部的心思。

28道精美佳作，让味蕾接受了一次又一次的冲击，颜色上有"赤橙黄绿青蓝紫，谁持彩练当空舞"的美感，口感上有生、爽、脆、嫩、滑和香、松、酥、浓、糯、醇的不同。席中菜品蕴含了大师的精神和性格，只有细心品鉴，方可得其创作思想。整桌宴席，食材精良，彰显了中西技法的融合，既有大气磅礴的气势，也

"无声细下飞碎雪" "放箸未觉金盘空" 的龙虾刺身

有婉约清新的格调。与"食"俱进的精进，契合着人们对美好生活的追求！

　　盛宴和极品美味一样，会让人有种幸福的感受。而人只有从内心对美食满足和感动，才有可能把美味变成文字。真可谓"此宴只应天上有，人间能得几回尝"。

　　食物中蕴含着大千世界，烹
饪中也蕴含着万种乾坤，做菜也是
一种修行。当以一个修行者的姿态
对待美食，那美食不仅能治愈自
己，更能让人以一颗安静的心与世
界相待。

▼▼▼

第三章 食中修行

生活不过一饭一蔬

一饭一蔬，就是生活。对于中国人来说，吃饭没菜，就会觉得少了些许滋味，而有菜没饭，总像没吃饱的感觉。一饭一蔬，早已深深印刻在中国人的基因里了。

为何一饭一蔬会成为我们饮食的主要结构呢？

这是缘于中国人的传统饮食习惯。《黄帝内经》中就讲：五谷为养，五果为助，五畜为益，五菜为充。我们的祖先是以五谷为主食，蔬菜为辅食，外加少量的肉类，这一饮食习惯是由于中原地区以农业为主要生产方式而形成的。

李渔在《闲情偶寄》中也说：脍不如肉，肉不如蔬，以其渐近自然也。这里的“脍”是指大型的猪、牛、马、羊等家畜肉，而这里的“肉”是指小型的鸡、鸭、鹅等禽肉，蔬菜当然就是时蔬了，这种饮食结构是中国人遵从已久的养生长寿型结构。即使在今天看来，也不无道理。诗人海子曾写道，“从明天起,做一个幸福的人，喂马、劈柴，周游世界。从明天起，关心粮食和蔬菜，我有一所房子，面朝大海，春暖花开。”一饭一蔬，就是海子眼中最具烟火气的幸福，也是人生最简单的幸福。

曾有读者跟我分享，她的一个好朋友，年轻时发誓绝不会像她母亲那样，把自己最美好的年华全都浪费在一饭一蔬里，可等她自己成家后，却蓦然发现，其实生活不过是一饭一蔬，其中寄托着人全部的情怀和生活的意义。幸福也在一蔬一饭里。

如果我们每天都能一丝不苟地对待一粥一饭，欣赏其色其香，就会发现其独特的滋味，收获小小的快

乐。人间烟火味，最抚凡人心。自己动手去做饭菜时，不仅自己会心情愉悦，而且还会觉得周围的一切都变得更加美好。一饭一蔬看似简单，但也需要我们用心制作。当我们静下心来享用简单的一饭一蔬的时候，我们的内心也会变得平静，生活也会变得丰富多彩，再多的烦恼在简单质朴的食物面前，都化作烟云，消失无踪。

在小小的厨房里，抓一把米，舀一瓢水，慢慢地熬煮，米粒在锅中低吟浅唱，飘出人间幸福味道。生活是年轻时粥的细腻温润，年老的时候，那熬煮了一辈子的粥，就像骂不走、打不散的夫妻，你中有我，我中有你。好日子是烟火熏出来的。繁华退却，粗茶淡饭，就是人间至味。

电影《心灵奇旅》讲述了一位中学音乐教师，梦想成为爵士乐手，奋斗多年，终于得到了一次和著名爵士乐手同台演出的机会，却因为意外，肉体几乎死亡，灵魂进入一个奇幻之境。心有不甘的他重回人间，寻找生命的意义，最后让他重新开心起来的是社区的朋友、母亲的鼓励、学生的信任和香喷喷的披萨。这些生活中平凡的小事，却是他生命中最感动的事情。当他演出成

时蔬也能装点多彩的生活

功，他发现生命中最美的时光，竟然是日常生活中的点点滴滴。影片告诉我们生命的本身没有意义，而感知生命的本身就是意义之所在。就如同每当我们看到一桌热气腾腾的饭菜，就不禁吟咏：归家，食饭，月满，人开怀。一饭一蔬，就是一朝一暮，这是融入生活的爱与幸福。

明代张岱出身显赫，少为纨绔子弟，极爱繁华，年近五十，却布衣蔬食，过着纯粹平淡的生活，自一饭一蔬里把日子过得有声有色。"取清妃白，倾向素瓷"的兰雪茶，"吹气胜兰，沁入肺腑"的乳酪，都是他用心制作的。著名的《朱子家训》中有一联：一粥一饭，当思来处不易；半丝半缕，恒念物力维艰。自问世以来，流传甚广，被历代士大夫尊为"治家之经"。

一蔬一饭皆是生活，一蔬一饭皆是人间至味。当我们静下心来品味时，能感受到人间烟火气中沉淀下来的最平凡最真实的幸福。所谓的美好生活，也就是在你认真品尝过每一种味道之后，还能从一蔬一饭中感受到生活本味。这也恰恰印证了美食的最高境界——人生百味，终归本味。

　　我们常把时间和精力花在寻找一些无意义的事上，为此挣扎、困惑，而对我们身边有意义的事情却无动于衷，比如日常的一饭一蔬。也许是时候，我们该认真反思一下对待食物的态度了，因为你怎么对待食物，生活就会怎么对待你。日常的一饭一蔬鼓励着我们，即使再平凡，也能蕴含巨大的能量，让人生充满无限可能。

出品和人品

　　品，是一个人精神世界莹莹闪烁的晶光。品，源自笃实、敦厚、诚朴、善美的人性。品虽无形，却有踪迹，人的所言所行，皆可感之鉴别。品是一个人信仰里的花香与光亮，品端德馨者，必值得人躬身敬仰，效仿其行。

　　出品是指生产出来的产品，也指创作出来的作品。人品是指人们的道德观念的表现。如果把人生看成是一场修行，那么，出品是修行的过程，人品是修行的结果。修行是一种持续时间较长的活动，包括思维、心理、行为、社会，旨在达到与现阶段相比境界更高、胸怀更广、视野更宽的个人修养水平。

　　如果把做菜看成是人生的修行，那么做菜中充满了修行的过程。做菜里的挫折和失败、满足和快乐，都是经常发生的事情。当我们把麻烦变成平常，把烦琐变得简单的时候，满足时不自负，快乐时不忘形，这些都是人生不断修炼的过程，也是我们人品的修行历程。

　　我教学生烹饪，常说的一句话是："人品就是出品。"我要学生牢牢记住这句话。曾有学生向我说起他曾和一个老师傅一起站炉子，师傅当然在头炉，他在二炉，做湖北人最爱的红烧鱼。烧鱼是一个费时间和需要功夫的活，生意忙碌，头炉大师傅总是把菜做出去再说，鱼熟了，味道不差就行。而学生记住老师的话，出品就是人品，他把每一道菜的出品都当作自己人品的体现，自然总是按照烹饪程序：大火烧开，小火慢熬，直到鱼肉透味才收芡出锅装盘。而往往是学生做的红烧鱼大受食客好评，大师傅的红烧鱼有时备受说教。我说："就应该这样，用精益求精的精神，把人品融入出品中去，带着感情做菜，那菜的味道一定会更美味。"

　　能力很重要，可有一样东西比能力更重要，那就是人品。人品，是一个人真正的最高学历，是一个人能力

青鱼吃尾，划水最美（鱼尾巴俗称划水、甩水）

施展的基础，是当今社会稀缺而珍贵的品质标签。人品和能力，如同左手和右手：单有能力，没有人品，人将残缺不全。人品决定态度，态度决定行为，而行为往往决定着最后的结果。

我们探讨一个好的餐厅特色究竟在哪里？可能大多数厨师会说是特色菜，而经营者心底的答案只有一个：做好每一道菜，才是餐厅的特色。餐厅的出品想单靠品控来保证每一道菜都做好，有时候只能是尽力而为的事情。而一个有着好人品厨师的餐厅，它的出品带着人格的温度和真诚，才能始终充满品质的魅力。

出品历来是一个餐厅生存的核心。这点从菜名上就可见一斑，有的菜名，如把蒜薹肉丝叫作"乱棍打死猪八戒"、炒田螺叫作"吻别"、牛肉炒芹菜叫作"对牛弹琴"等，虽有投其所好之意，但食材还是实打实的，倒还说得过去。但有的如一盘大萝卜叫作"群英荟萃"、青红椒叫作"绝代双骄"，则是徒有其名、糊弄消费者的做法，着实让人怀疑经营者和厨师的人品了。

清代朱和美在《临池心解》中说："品高者，一点一画，自有清刚雅正之气；品下者，虽激昂顿挫，俨然可观，而纵横则暴，未免流露桎外。"有人品的厨师，一定是把出品当作品来对待。出品不偷工、不减料，讲究色香味形器养，在餐盘中吸纳山川田园之灵气，极尽力风花雪月之优美。人品不是你看到的那一刻的模样，它需要多年的修行，是一个人的核心竞争力。

做好出品是艰苦的，是需要耐心的，这也是工匠精神的体现，这种工匠精神是从业者做好出品的本源所在。好的出品需要日复一日的坚持，这是对原料的坚守，以及味道的传承，更是人的心性的秉持。这种严谨，与其说是出品的技术和质量要求，不如说是一种为人处世的人品表现。

曾和一个很讲究吃的朋友谈到美食的话题，他说好的食材、善的技术，才会有美的享受。这话颇有道理，也让我联想到美食里的这种真和善何尝不体现出一个人的人品呢？世界名厨江振诚曾参加世界厨联大会，当人们期待他拿出惊艳的美食的时候，他却拿出他奶奶做的手工面条。当人们得知是他80多岁的老奶奶亲手做的面条时，那美食背后的情感和真善美就喷薄而出，令人感叹。人品本身就是一个人真善美的集中体现，失去了最为朴素的真，也就失去了美。发自内心的善，更是不加修饰的美，而美具有引人向善的力量。出品亦如此理。

做菜最后拼的是出品，而人生最后拼的是人品。如果出品是生活的见面礼，人品则是生活的通行证。好的人品，定是由出品良好的炉火锤炼而来。人品好的人，生命自带光芒。

从嫩到老的成熟

对食材的老和嫩的理解，某种程度上体现了一个人是否成熟。

人们在食物的口感上，对于嫩的追求，可谓穷尽了心思和办法。有人不远千里去追寻，有人在厨房躬身实践，只为让那一口鲜嫩和舌尖战栗地碰撞。那种美味的感受足以令人心动和向往。

人们对嫩的形容，多有妙设。如肤如凝脂，白嫩如霜，吹弹可破。元代王实甫《西厢记》第二本第三折写道："觑俺姐姐这个脸儿，吹弹得破，张生有福也呵！"元代梁寅《临江仙·舟中》也有"嫩黄烟际柳，远白水边沙"之句。宋代戴栩《送陈漫翁教授官满

赴都下》中则写道："嫩黄千点糁槐枝，此别诸生倍所
思。"其中既有对自然的赞美，也有对人情的赞叹的
隐喻。

　　时令的食材大多鲜嫩，充满生机和活力，激发人
们的无限想象。"夜雨剪春韭"的韭菜是嫩的，"桃花
流水鳜鱼肥"的鱼是嫩的，"无人知是荔枝来"的荔枝
是嫩的，颤巍巍的羊肉是嫩的。人们在食材嫩度的追求
上讲究"没有最嫩，只有更嫩"。蔬菜就是最典型的代
表。大多蔬菜越是往芯里去，越是脆嫩，菜心往往是最
嫩的地方。这些嫩大多是先触动了舌尖而令人感动，而
不是令人感动后，才让舌尖味蕾打开的。对于嫩的果
蔬，有经验的厨师都会产生一种刀子一碰就断的感觉，
这是果蔬水分充足的表现，也是我们鉴别嫩与老的"试
金石"。但是最厉害的"试金石"还属舌头这个利器。
林语堂先生论过口感之嫩，他说："竹笋之所以深受人
们的青睐，是因为嫩竹能给我们的牙齿以一种细微的抵
抗。"有趣的是，诗人往往用嫩笋来形容女人的娇嫩，
唐代的韩偓就在《咏手》中写道："腕白肤红玉笋芽，
调琴抽线露斜肩。"但对嫩的感受，是牙齿和舌头共同

感知的结果，吃起来嘎嘣脆是一种嫩，肉类经牙齿轻触后的轻松的咀嚼感也是一种嫩。

对食材嫩的追求，离不开烹饪的技法。为了那一抹鲜嫩的口感，厨师们往往也是费尽了心思。

鸡丝的上浆是传统的手艺。鸡丝肉质细腻，如果不挂糊上浆就下锅，瞬间会被火力老化而失去魅力。水分、蛋清、生粉利用盐的吸附力牢牢地挂在鸡丝上。用温油下锅，再配以合适的银牙、香菇丝和火腿丝等配料，鸡丝才能被华丽地端上桌。肉丝、鱼丝一样需要挂糊上浆，猛火快炒，牛肉质粗，有时会用到嫩肉粉或者小苏打处理，这些都是为了入口时那一刻鲜嫩的惊艳。最传奇的应该是爆炒腰花了，有的厨师可以十秒出菜，猛火断生，最大限度保持水分，那种美味，连宫廷的八宝海参也望尘莫及。

但任何食材都有老嫩之别、有时令带来的老嫩之分，也有部位产生的老和嫩的区别。嫩有嫩的味道，老有老的滋味。食材的一生，都有嫩或老的变化。滋味是人对味道的全面感受，我们要想全方位享受食物给我们带来的美妙，仅仅追求舌尖的鲜嫩享受是肤浅的，人只有从外到内，从嫩到老，感受食物的各种美味，那才是完整的体验和感受。

　　嫩的菱角是脆的，少了许多的滋味，而老的菱角，多了淀粉的沉淀，吃起来厚重许多，滋味也长了不少。嫩鸡总是用来快速爆炒，而滋味厚重的老母鸡多用来煲汤，老母鸡鸡汤入口的鲜美，足以打动人的灵魂。似乎年轻人喜欢快的东西，年长者喜欢慢一点的味道。那些走在创新美食前沿的总是一些时令的鲜嫩食材，不需要太多的经验去理解，就容易被辨识和接受。而暮老的食材也有其韵味，有了时间和风味的沉淀，"老"食材自带光芒，无需言语，令人受用。虽然过了值得炫耀的鲜嫩时候，但其积淀的魅力也难能可贵。

　　在品味美食时，如何既懂得嫩的享

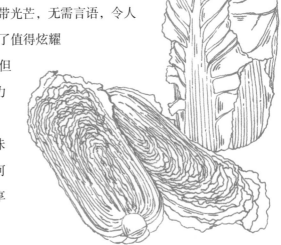

受，又欣赏老的魅力，需要的是心性。

　　青春是短暂的，就像吃到美食——如果囫囵吞枣，就尝不到食物的滋味，青春如果不努力，匆匆而过，就会遗憾终身。而人的成熟是生命丰盈的状态，就像田里的稻谷，要想实现生命的意义，必须成熟才能收获。成熟是人生透彻的境界，唯有经过成熟，才可以说经历了人生。

　　成熟是一种告别，成熟是一种失去。年轻的时候，总是期盼自己能早点成熟，但到了一定的年龄，成熟虽然意味着摆脱了幼稚，但也意味着要付出代价。因为成熟的另一面是青春的流逝、梦想的褪色和锐气的消减。

　　所谓的成熟，就是习惯任何人的忽冷忽热，看淡任何人的渐行渐远，用绝对的理智压制不该有的情绪。成熟是人生必经的历程。我们期待成熟，因为那是生命完整的标志，也是生命的意义所在。我们既要学会享受青春的曼妙，也要学会品味陈年老酒的滋味。一个成熟的人的职责是寻找自己，坚定地成为自己，不论走向何方，都向前探索自己的路。

生活的"麻烦观"

老舍《龙须沟》第二幕写道："你到底干吗来啦？快说，别麻烦！"烦琐、费事，是人们对麻烦一词的解读。这世上很多事情都很麻烦，也常常听人说"好麻烦"之类的抱怨话语。人们常用"吃饭还麻烦呢？"这样的话来训导怕麻烦的人。看来在大家心目中，吃饭是再麻烦也少不了的事情。麻烦和我们的生活紧密相关，有的人不怕麻烦，有的人自找麻烦，有的人遇到麻烦就烦恼，有的人却能正确地面对麻烦。

美食销魂，乃口舌之欲、心之欲、魂之欲矣，可制作美味美食却少不了麻烦。

等待品尝美味的过程是麻烦的。制作美食如果抛却匠心和喜爱，麻烦是必不可少的事情。且不说酿酒、发酵、腊制品等那些被时间浸润的醇香美味，单就中国人对"醋"的制作就可见一斑。醋就是酒酿造后再过二十一天才酿成的，其周期之长、过程之烦琐，自不必说。正是有这样的麻烦和等待，才有食材的华丽转身和给人味蕾的惊喜。

制作美食简单的重复是麻烦。有人说豆芽酿肉是最麻烦的，豆芽掐头去尾，然后把肉塞进豆芽里，一斤豆芽少说也有几百根，虽然看似简单，但其复杂麻烦的程度可想而知。过去的老师傅，各自都有自己的拿手本领，这样才能有一席之地，也不至于被人瞧不起。有个曾姓师傅，擅长剁鱼块，是大家公认的高手。他剁出来的鱼块，大小一致，整齐划一，有人戏称连鱼背都被他剁成鱼腹的模样，就是这样简单的麻烦工作，在老师傅的手里，变成职业的天花板般的水准。他那所谓的技术，有的也只不过是简单地重复的结果。

制作美食的复杂工序是麻烦。《〈舌尖上的中国〉2·心传》中，做陕西手工空心挂面的手艺人张世新，历经前后总计十几道工序，四次发酵，每根面条都拉伸至

3米长，历时20多个小时才完工。这样的手工是一代一代人传承下来的，说不麻烦是假话。有职业操守的厨师，一定会不怕麻烦地把出品当作作品对待。把这世上简单的事情，努力"麻烦"成为最美的模样，尽显"麻烦"的魅力。

菜品的关键技术把握是麻烦的。美食中也有技术的关键，百年味道的坚守是技术关键的核心，它不可能轻而易举地被发现与把握，而是反复试验的结果。豆腐点卤的凝神聚气、鱼肚涨发的膨胀时刻、橘瓣鱼氽的鱼泥调制，都需要司厨者高度地专注，全身心地投入，否则

就会前功尽弃。这些都是不怕麻烦才能达到的境界。

曾有好厨者不怕麻烦，对每一道菜都严格要求。如鱼香肉丝需要泡椒，没有泡椒坚决不做，烧鱼需要生姜，没有生姜也是坚决不做的，东坡肉一定要用五花肉，而且是靠近排骨的硬五花肉来制作。这种严谨，与其说是出品的技术和质量要求，不如说是一种不怕麻烦的为人处世观。

对待麻烦需要的是耐心，不怕麻烦本身就是一种善待事物和对待生活的态度，更是匠人精神的坚守和传承。当我们不怕麻烦了，人品也会得到不断修炼，人生也会得到不断修行。

不怕麻烦的人是很较真的人，他们往往能做出让人惊喜的美味，而怕麻烦不愿较真的人，美味总是离他有点距离。在有些人眼里，在厨房做饭菜是一件很麻烦的事情，但正是有着不怕麻烦的好

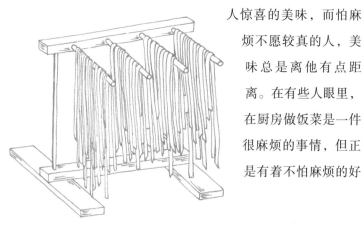

厨者，才能闻到揭开锅盖时那股直击灵魂的饭香、直入鼻腔的那一阵阵美味的菜香。这是坐在桌子前享受不到的，更是对不怕麻烦的下厨人的最好回馈。

若遇到麻烦，就应像吃掉巧克力一样，麻烦一旦被吃掉，便消失不见了。我们认为的麻烦，只不过是现代人快节奏的生活制造的心理焦虑。能正确对待麻烦的人，有大智若愚般的沉稳和运筹帷幄的谋略，也具备了积极的心理，而这些都是不怕麻烦修炼的结果。

生活中，有时候需要我们自找麻烦，在麻烦中才能增添价值，而当远离麻烦的时候，我们有时也远离了机会。麻烦就是生活本身。当一个人遇到麻烦的时候，如何面对，就是对一个人的修养和智慧的考验。

搭配是一种态度

在生活中，很多搭配要符合自然才能够和谐，比如，男女之间的性格搭配，桌子高矮的搭配，颜色的搭配，美食的味道和质感的搭配……好的搭配是对我们品位的一种提升。

我比较喜欢粤菜的风味。粤菜清淡油少，适合现代人的口味。不少粤菜餐厅入选米其林，这和广东菜的营养、创新、时尚不无关系。香喷喷的煲仔饭、鲜嫩的野生黄鱼、脆嫩的芥蓝等粤菜，都是经典的美味。但有一次和一盘鱿鱼韭菜蘑菇的粤菜美味的相遇，让我感受到了搭配的精彩。吃这道菜时，一旁的朋友并没有感到太多的惊喜，然而我这个刁钻敏感的嘴巴，觉得这简直就是让人激动的美食。蘑菇柔韧，韭菜鲜嫩，鱿鱼有嚼劲，三者形成了强烈的口感对比，而蘑菇作为提鲜的衬托，韭菜的清香裹挟着清甜，最后的感受好像都集中到有点嚼劲的鱿鱼上来了，真是越嚼越香，越嚼越鲜。

食物有着自己的最佳搭配，就如同寻找到自己的另一半，一旦碰撞在一起，食者就会感受到愉悦和美妙。然而，不是所有的食材都适合搭配在一起的，找不到自己的另一半，搭配不好一定很别扭，而经典的搭配是千百次的找寻并带来相逢后的喜悦。

这种喜悦表现在豆浆和油条、芹菜和豆干以及青菜和牛肉、豆腐和鱼、魔芋和鸭子、丝瓜和牛蛙、春芽和鸡蛋、回锅肉和白米饭、腐乳和馒头、花生米和白酒的搭配之中。民间的冰糖甲鱼也是不错的搭配，不仅甜味上口，而且鲜美宜人。而鸡肉配蘑菇，味道更鲜美。

历史上最为经典的食材搭配应该是花生米与豆腐干

了，金圣叹临死前，曾悄声对儿子说："花生米与豆腐干同嚼，有火腿味道。"他爱吃好吃，美味让他笑看生死。据《清稗类抄》记载，他临死前对狱卒说："盐菜与黄豆同嚼，大有胡桃滋味。"

这些都是前人讲述对味道搭配的技巧之道。可见简单食材的搭配，也能有出其不意的效果。

搭配不仅是风味上的，营养的搭配让食物有了更加迷人的味道。比如，猪肝配菠菜，猪肝、菠菜都具有补血的功能，一荤一素，相辅相成。又如，鸭肉配山药，可消除油腻，补肺效果更佳。鱼头配豆腐，豆腐富含钙质，鱼肉中的维生素D能加速钙的吸收，鱼汤味鲜，豆腐柔软，如同久别重逢的知己，是老少皆宜的美味。如果说牛肉配土豆是经典的口味搭配的话，牛肉配番茄则是经典的营养搭配，因为番茄中的维生素C和番茄红素可以让牛肉中的铁被更好地吸收。

食材的搭配中，中西结合的最佳食材，当属享有舌尖上的"软黄金"美誉的鱼子酱了，它与松露、鹅肝并称世界三大珍馐美味。鱼子酱入口时破裂的腥味和咸味经常被用来和多种食材搭配，皆浑然天成，彼此相互衬托。当掌握鱼子酱的浪漫后，便能深刻地领略到鱼子酱这道美食带给人的愉悦、优雅与高贵享受！标志性的日式吃法是鱼子酱搭配寿司，再点缀些海鲜食材，灵动口感更进一步。这肆意畅享的美味瞬间、大放异彩的醋畅淋漓，唯有亲自品尝，才能深得其味。

食材的搭配有时还体现时尚和饮食风潮的趋势。文艺青年的食谱就有着自己独特的食材搭配，怀旧的家常菜、妈妈菜总是受人欢迎的，如今创意菜的风靡，正彰显着中西食材搭配的风尚。国际的米其林以及国内的黑珍珠餐厅的评比，都把菜式的传承和创新作为重要的参考指标，食材的搭配往往能体现这种理念。

食材搭配有时是很个性化的事情，自己觉得好吃的总有它好吃的道理，有人将生菜包着"泡菜＋烤好的肉＋辣酱/黄豆酱＋白饭"吃，并称这是一个"试过的人一定会再多吃几次，没试过的人也会想要试试"的方法。在盛夏醋畅淋漓吃完小龙虾后，一碗酸中透出鲜香的凉面，似乎也是最佳的搭配，它调和着人们在味道满足上的平衡，彰显着食材搭配的个性化体验。

食物的口感搭配，在于讲究协调，在表现美的同

鱼子酱和松茸，优雅的美味享受

时，也延展着某种人生态度，彰显着一种追求和信仰。就像你给生活搭配阳光，你就会变得快乐。你给它搭配烦恼，你就会变得苦闷。一切的改变都是从内心开始的，而保持积极正能量，我们就会变得更加阳光与灿烂。

　　所有的食材都有一颗等待的心，等待懂它的人的发现，大有"只愿君心是我心，定不负相思意"的意味。若以人情世故来看食材的相逢，有的是令人叫绝的天作之合，有的是令人动容的邂逅偶遇，有的是令人击节的相见恨晚。食物味道和口感搭配最终的导向是风格，这是一种关乎生活的观念和生活方式的选择，而搭配的风格是厨艺家们浸染在菜品设计中的一种对于生命和生活的态度。

慢慢吃饭也是一种浪漫

　　曾有中国学生去德国交流访问，德国学生举办活动时，以谈话为主，中国学生说：怎么都是谈话，没有吃的啊？而当中国学生主办时，做了很多好吃的，德国学生则问：这么多吃的，怎么不谈话啊？文化的差异，导致德国人吃饭时更多地喜欢交谈。

　　可能对于许多中国人来说，用十几二十分钟的时间用餐很正常，花半个小时以上的时间则太慢，一餐饭吃上一个多小时简直就是在浪费生命。而在法国，半个小时也许刚刚在喝开胃酒看菜单，一个小时后前菜才会上来，而吃完一餐饭差不多需要花上三到四个钟头的时间。这在中国完全是不可思议的事情。

慢慢吃饭也是一种浪漫

也许是快餐文化的兴起，在某种程度上也在悄悄地侵蚀人们对文化的吸纳方式。快餐文化本来就是只求速度不求内涵的一种现象，比如看名著只看精简版，学东西只想报速成班。快餐文化是人们生活节奏加快的产物，是人们只求其名不求其实的表现。快餐文化对人的饮食方式不无影响。走起路来风风火火，吃起饭来狼吞虎咽，甚至还没来得及品尝出究竟是猪肉还是牛肉，就已顺着冰可乐的咕咚声吞进胃里。如今快节奏的生活，让人们的吃饭速度越来越快，而对吃饭这件事本身的意义思考却越来越少。

面对快餐文化的冲击，西方的慢食主义也加入了反对声浪的阵营。一名意大利记者Carlo Petrini，看到几十个学生围坐在广场上，以最快的速度集体大嚼特嚼汉堡包。于是他决心抵制外来快餐对传统文化的侵蚀，倡导"慢食"活动，并将蜗牛作为协会的标志，以此提醒人们放慢生活的脚步，用蜗牛的速度去享受食物，感受人生的细腻美妙，获得了许多人的认同与追捧。

我们常说的吃饭吃菜，的确需要细嚼慢咽，人类是灵长类的动物，细嚼慢咽是会生活的表现。我有一次去给老师讲课，老师们按照我说的每口饭咀嚼20~30次，老师说，感觉饭是甜的了，我的印象特别深刻。航天员在太空里，食物的咀嚼要求是30次左右，寺院的僧人咀嚼饭菜的次数，往往达到40~50次，把饭菜几乎变成了泥浆的状态，这样肯定是更利于人体消化吸收的，很多人求佛问道，寻找长寿的方法，其实日常的慢慢咀嚼的饮食习惯就蕴含着长寿的秘诀。

的确，我们给味蕾时间，味蕾就会给我们惊喜，你囫囵吞枣吃的饭菜味道，肯定不及细嚼慢咽的饭菜滋味浓郁。就像巴菲特喜欢吃风干的牛排，风干后的牛排，带着油脂浸润的芳香，食材的味道更浓烈，醇香的牛排滋味，在慢慢弥漫的味道中也让味蕾充分感受食材的迷人魅力。在食物一样样达到味蕾之时，每一种滋味都值得花时间去期待、品味。

慢生活是在快餐文化冲击下回归生活本真的一种选择，什么都太快，让我们不得其味。我常说只有人类才是细嚼慢咽，动物大多都是狼吞虎咽。人类这种细嚼慢咽的慢，有利于大脑的发育，消耗能量，防止肥胖。如今我们的阅读也是一样，真正沉浸下来阅读的少，走马观花、一带而过的多，当我们把自己的身心放松，慢慢地品鉴美味的时候，就像打开一本好书，尽享书中精华，感受精神的升华。正应验了那句：读书时大脑在吃饭，而吃饭时是肠胃在读书。

　　生活里让人愉悦和快乐的事情，都值得花时间去慢慢享受和品味。吃饭就是这样一件值得我们花时间的事情。慢慢吃饭可以给食物赋予更高的价值，在品尝美食中，不仅能享受当下生活的美好，更能感受和品味我们被赋予的弥足珍贵的权利。事实上，吃饭慢、喜欢细嚼慢咽的人往往会掌握全局，享受生活，而且更自信。美食作家塞卜·碍米纳（Seb Emina）形容早餐是"一天中的一段光阴，而不仅仅是一顿饭"。而希望在午餐上多花点时间的人，多少有点浪漫和享乐的欲望，而面对日复一日的一日三餐，一家人快乐的分享食物带来的愉悦，此时真的不需要在意时间，因为和家人在一起的每一分每一秒，都是值得被记住的愉悦时光。

　　世界文坛一代大师科尔维诺曾说："我对任何唾手可得、快速、出自本能、即兴、含混的事物没有信心。我相信缓慢、平和、细水长流的力量，踏实、冷静。"

林清玄也曾经说过："浪漫，就是浪费时间慢慢吃饭，浪费时间慢慢喝茶，浪费时间慢慢走，浪费时间慢慢变老。"慢一点，我们会发现生命中的丰富多彩，生活里的风花雪月，人生的厚重结实。慢慢吃饭，更是一种浪漫。

鸡汤的力量

　　鸡汤的香味会让人食欲大开，浅尝一口，唇齿留香的感受，会让你久久回味，汤如美酒一饮而尽，舌舔唇边回味无穷。

　　有一次我带着我的美食品鉴团来到某酒店参加野菜节品鉴。众多的美味中，有一道金汤时蔬，并没有引起大家的注意，而当厨师介绍这道菜的鸡汤是熬制十几个小时而成的，大家顿时被这背后的付出所感动。那鲜香味醇的鸡汤，伴随野性味道浓烈的各种时蔬，好像是天作之合，把鲜的意义延伸到无边的旷野。经总厨介绍后，大家一扫而光，连说好喝。

　　不知什么时候，鸡汤被人誉为"心灵鸡汤"的代

名词，可能是鸡汤有营养滋补功效的缘故，这种借喻倒也还自然，鸡汤对增强人的免疫力是大有裨益的，也许正是这个缘故，人们把一些能安抚心灵的话语，称之为"心灵鸡汤"。人生路上的"心灵鸡汤"，以温暖的故事、轻巧的哲思、绵软的话语、抵心的关怀，抚慰我们的沮丧与寂寥，调适我们的脆弱与迷茫，激励我们的斗志与信心。好的"鸡汤"，能够激励人上进，教人正确面对人生，是积极的人生导师和正能量传播者，是有其积极意义的。

"心灵鸡汤"对人恢复信心是很有帮助的，人的身体生病了喝点鸡汤，恢复身体的元气，提高免疫力，让疾病迅速康复。人的心灵生病了，郁闷、怨恨、无奈，其实是认知出了问题，"心灵鸡汤"这个时候是能发挥作用的。这种鸡汤一定是让人动心的味道很鲜的鸡汤，而不是那种加了味精的浮夸的鸡汤，因为加过味精的鸡汤，多少让人觉得有点媚俗。现代人对鸡汤的泛滥似乎也有很反感的态势，我想那不是"心灵鸡汤"本身有问题，是对那些无病呻吟加了味精的鸡汤的反感。

人们反感的"心灵鸡汤"是它们缺乏深厚的逻辑基础、文化底蕴，以及实质性的指导和具体的方法。"心灵鸡汤"有时候听起来动人，使人奋进，但就是找不到奋进的方向。比如，"生活不止眼前的苟且，还有诗和远方。"诗和远方到哪里寻找没有告诉你。一些自媒体的商业功利夺人眼球，缺乏实际的指导，都是鸡汤文被诟病之处。

大众讨厌鸡汤文，是因为说的是大家都懂的假大空的道理，是面对道理的无能为力。鸡汤文倡导的情趣生活，没有经过生活的实践，没有考虑个体的情况，用一种普适性来概括个体的不同，生活的精彩需要条件，需要维系和取得精彩的有效路径，就像食谱不会告诉你如何分辨宽叶和细叶韭菜，鸡汤文多认为"你自己应该知道获取喝汤的方法，我只跟你分享你将品尝到鲜美的鸡汤"。鸡汤这个东西不过是个调剂品，无法担负你想要改变食物本身的味道的渴望。

　　做美食的人都知道，煲鸡汤，选料上要讲究，一般多选择老母鸡，如果选用洋鸡，那一开始就把鸡汤做错了，食材的原料都不对，一切的味道都变了，鲜味没有了，只能让人感到假大空了；制作上要讲究水量和火候，一次性放水，不可中途加水，水量适度，这个强调的是要对鸡汤的制作心中有数，而不是想到哪里就是哪里，如同写鸡汤文要意在笔先，有感而发，这样的文章才能打动人，而中途加水的鸡汤，味道自然也比原汁原味的鸡汤逊色不少；制作鸡汤的火候要到家，这样的鸡汤经历了时间的浸润，鸡汤的内含物都融在汤里，这样的鸡汤才有滋味，鲜美香醇，而缺乏火候的鸡汤，味道太淡，没有把鲜美的味道释放到极致，好喝的鸡汤大家一定是赞不绝口，乏味的鸡汤大家也一定会是沉默不语。

《诗经》中"执子之手，与子偕老"的婚姻观，苏轼"也无风雨也无晴"的人生观，袁枚"苔花如米小，也学牡丹开"的格局观……历朝历代的"鸡汤"，滋养了一代代芸芸众生。但这些"鸡汤"，是情感的自然生发和触动，味道是那样的鲜醇，自然能打动人、慰藉人的心灵了。

物质鸡汤可以补充能量，强身健体，增强生命力。"心灵鸡汤"可在人们不同阶段遇到挫折时，矫正困惑、压抑、焦躁的情绪，使人看到希望、走出困境，通过他人正能量的谆谆慧语来重拾勇气。

美味健康的鸡汤和美丽时尚的"鸡汤文"，用一句"鸡汤文"来表达就是"让美味和美丽相伴，让健康和时尚同行"。

美食的雅和俗

雅和俗大多指的是人的审美价值判断。因人的雅俗，自然迁移到任何事上，于是就有了书有雅俗之分，艺术也有雅俗之别。而和人发生着千丝万缕联系的吃，自然也逃不过雅俗的说法。

"雅"和"俗"两个字，其最初的意思和后来所表达的意思就有相当差距。现在大家都将"雅"与"俗"视为一对意思相对的两个词。雅是褒义词，雅即是正，是规范，是一种气质和姿态，是中国人追求的高境界。俗被视为贬义词，被看做市侩、浅薄，是市井之气。更有人断定，俗是人与谷的组合，吃饭，当然是一件很俗气的事。这样的理解不仅曲解了雅和俗的本义，还会把人生最重要的"饮食"当做一个庸俗的行为，真正对不起郦食其先生的那句"民以食为天"。

　　在《说文解字》我们了解到，古人对于"雅""俗"本没有带褒贬的观点，所以才有一个成语叫"雅俗共赏"，这是中国人的包容心态，无论是阳春白雪还是下里巴人，无论是精神追求还是物质生活，本没有高低之分，都是生活里不可或缺的一部分。

　　美食的"雅"、"俗"是相并相融的。上到帝王贵胄，下到普通百姓，美好的味道既可以通过雅来呈现，也可以通过俗来体会。大俗大雅，才是品味美食的正道。就像一千个人眼中有一千个哈姆雷特一样，不同人看中国古典文学著作《红楼梦》也会有不同的感悟。如果单看书中对于菜肴的描述，那么作者对于食物"雅俗"的见解是非常有趣的。很多人都熟知的第四十回刘姥姥进大观园，有一道菜"茄鲞"，这个名字不仅难念，而且难写，鲞（xiang），原指剖开后晾干的鱼，后泛指成片的腌腊食品。作者花了很大的篇幅对这道菜进行了细致描写："把才摘下来的茄子把皮去了，只要净肉，切成碎丁子，用鸡油炸了，再用鸡脯子肉并香菌、

刘姥姥吃过好吃的茄鲞说："别哄我了，茄子跑出这样的味儿来了"

新笋、蘑菇、五香腐干、各色干果子，俱切成丁子，用鸡汤煨干，将香油一收，外加糟油一拌，盛在瓷罐子里封严，要吃时拿出来，用炒的鸡瓜一拌就是。"

刘姥姥开怀大吃，却发现自己的肠胃不相适应，腹泻半日才完。这俗的描写，其实隐含着曹雪芹对这些大观园贵族男女相宜的精致食物，但对穷老粗鄙的刘姥姥而言，却是难以消化。

美食的雅和俗在九转大肠体现得尤为突出。记得当年东北的大厨来武汉交流，专门为家人烹制了一道九转大肠。在烹饪的前一天他就开始加工准备工作。大肠本身的脏腑味非常大，俗得不能再俗的食材了，所以烹饪这道菜时，讲究下料一定要狠。北方人常吃的豆蔻、八角、茴香等香料等中草药提香去异味。另外，为保证大肠易于嚼之，火候的掌控就全在这慢炖的拿捏了。他细心把大肠反复叠套加工，再用高压锅焖制好大肠，再用糖色在铁锅里将大肠上色，味道是甜中有鲜，咸中有甜，你中有我，我中有你，味道的五味调和，完全没有那脏腑食材的异味，那肥肠的丰腴油脂，在齿颊间漫溢，大肠口感是软嫩鲜香一嚼即烂，又保持着肠体的形状，成卷的大肠并排立于盘中，色泽红润，香漂满屋，咬起那汁浓味厚、肌感十足的肉肠，肥而不腻，入口稍有韧劲而易于咀嚼，软不挂牙，缀着点点翠绿的葱末，成了一道雅致的风景。真的是雅俗共赏了。我被这道美味俘虏得一塌糊涂，一家人惊叹大厨的手艺的高超，多年后都难忘这化腐朽为神奇的雅俗到极致的九转大肠。后来有机会专程去北京的后海，专门品尝北方有名的九转大肠，真的很难再找到那种味道了。

　　现代人在饮食上比较追求新奇，很多"网红"餐厅如雨后春笋般不断涌现，又如昙花一现快速凋零。不少餐饮人也在追求概念，追求包装，追求环境氛围，想以这些附加条件去搏市场。这里面不乏有一些以"雅"为概念的精致餐厅，有些还融入了"分子食物"的前卫概念。可我还是认为，衡量美食真正的标准不是所谓"俗"与"雅"的形式，而是食物本身，足够好吃，才会赢得市场的长久，那些老字号、传承了几代人的小店，只用了口口相传的方式，就足以在江湖拥有一个名字。

　　中国文人对"雅"抽象出来的意境是极简，大简致美。对于"俗"可以称为"接地气",大俗即大雅。美食家苏东坡可以创制"东坡肉"以飨后人,也发现"烂樱珠之煎蜜,滃杏酪之蒸糕"的雅食秘诀。

　　食物是情感的载体,凡是能勾起人心中那份情愫的食物,那才是其真正的价值。是雅是俗就没那么重要了吧?喜欢就多吃点,趁时间来得及,把"吃"进行到底。

吃的奢侈

"奢侈"一词源于拉丁文"luxus",原指非凡超强的繁殖力或创造力。在西方语言中,"奢侈"更多是褒义的。但在中国传统道德观念和行为方式中,"奢侈"常带有贬义色彩,人们容易将其与炫耀、浪费等相联系。而吃上的奢侈,从古至今,无论是中国还是外国,虽也是一种较高等级消耗物质财富的举动,却广受追捧。

过去的盐商,富甲一方,吃的奢侈体现在吃的都是人参喂养的鸡生下的蛋。古代的宫廷菜中,有一道"爆炒凤舌"的菜,炒一碟"凤舌",动辄需要百只乳鸽舌头才行,只因鸽子一步入"中年",舌上就会有小小的肉刺出现，吃起来会有微糙口感。一碟鸽舌要炒得好，还要讲究入味。鸽舌质地细嫩不耐火，炒得久就易老。别看小小一碟"凤舌"，其中需耗费多少人工和物力，唯"奢侈"二字可以形容了。

法国努瓦尔穆杰岛上种植的La Bonnotte土豆是全球最昂贵的的土豆，这种土豆每年生产量不到百吨，特性柔软，采集的方法只能是手工。这种土豆价格每公斤高达500欧元，是难能可贵的食材奢侈品。而世界上顶级的奢侈食材可能要数奥地利渔夫和他儿子一起用产量稀少的大白鲟的白化鱼卵作原料，配以对人体免疫力有帮助的22K黄金做成的白金级鱼子酱，专供摩纳哥联酋皇室成员。据说一茶匙需要4万美金，可谓奢靡之极。

西餐中常用美酒配佳肴。伊朗白鲸鱼子酱、陶锅肥鹅肝、奶油山鸡肉泥、虾酱白斑鱼泥、龙虾冻、榛子炖小羊肉等别致的大餐配以1900年的凯歌香槟、顶级勃艮第科通理查曼干白葡萄酒、蒙哈谢园的蒙哈谢有萄酒、沃尔奈公爵园的红酒等，尽显奢侈。

吃的奢侈，也有了科技的加持。国内一家美食报曾刊载这样一篇报道："170元一斤水晶芯的芹菜有多好吃？"青岛马家沟的芹菜，在明代就被人称之为"菜之美者，有平度之芹"。马家沟芹菜的种子是搭乘过神舟七号上天、随"蛟龙号"潜水器下海过的，更厉害的是禁止化学肥料和农药的芹菜，喷洒的是发酵的牛奶，滴灌的是国外引进的益生菌。这样的芹菜叶茎嫩黄，梗直中空，棵大鲜嫩，清香脆嫩，简直是蔬菜中的贵族了。这种奢侈的食材，的确把人们对美味的追求标准提升不少。

吃的奢侈不仅体现在吃的食材上，还体现在吃的方式上。

《韩熙载夜宴图》尽显奢侈的吃，整个宴会沉浸在纸醉金迷的夜宴行乐中，也从侧面反映南唐大臣夜生活的豪华奢侈。南唐一朝倾覆，所有的欢宴与奢华全都成空。唯有《韩熙载夜宴图》与后主李煜的词"流水落花春去也，天上人间"，成了南唐王朝最后的缩影，留给世人细细品读。

杭州有个"80后"小伙子，曾做过"松风听香"的奢华夜宴。在长12米、宽1.8米的餐桌上有松柏盆景、始终贯穿着苔藓，仿佛一座山川沟峦如在眼前。四周秋棠压竹，溪水过足，极尽风流雅意。菜单分为两类，春分之食单和冬至之食单。在夜宴进行到三分之二的时候，屏风后拂袖而出的昆曲表演，明烛晚棠之下，"春江潮水连海平"的一景就融于此。露浓百草、藕断丝连、澳羊菲力等菜品，可以说这种美味已经是人类对美学的奢华追求了。

上海有一家新潮的感官餐厅，新主厨保罗·派瑞特主理的"沉浸式用餐"的进餐体验，从黑暗中缓缓开始，紫罗兰色的灯光和太空奥德赛音乐和鸣。十个座位，五种感官，巨大的视频投影投射在墙上，构成了270度的沉浸式空间，使平淡的环境瞬间变成草原、森林、海洋、星空，进餐者惬意地徜徉在优美的环境中，获得彻底的放松。而用气味触发人们味觉的苏醒，让用餐的人产生强烈的心理效应，提升用餐体验。这不能不说是一种奢侈的吃法。

吃的奢侈还表现在制作美食的技法上。梅兰芳作为京剧界的天王，嗓音的保护与身材的控制是第一位的，这对于厨师来讲是一个很大的挑战。醉心于花雕的梅兰芳因为职业的原因是绝不能放纵豪饮的，细心的厨师便将上好的花雕加入菜品中，创出了只有酒香而没有酒精的"花雕羊肉"。厨师怕鱼刺卡住他的喉咙，于是将鱼

新潮的『沉浸式用餐』的感官餐厅

剔骨，做成龙须鱼丝。这是制作工艺上的奢侈，不得不说这是一种技法上的奢侈和高级。

吃的奢侈，还体现在家宴的待遇上。家在中国人心中的意义非凡，以最高规格的家宴招待客人，似乎成为现代人最奢侈的表达了。我曾参加过一位杭州大姐对有救命之恩的医生的答谢家宴，那用心的烹饪、精致的美味，看上去都是满满的感恩。在家里，哪怕只要是自己用心做的一桌家常菜，那都会是满满的"奢侈"。

如今美食似乎是一种比LV包包更奢侈的东西，因为它不仅会耗费你的金钱，还会侵袭你的时间。但何为奢侈呢？或谓之曰"钟鼓馔玉"，抑或谓之曰"宝马雕车"。其实不然，此番奢侈，不过迷恋于物者，真正的奢侈，是将时间"浪费"在一些闲散之事上。在漫无目的的闲适状态下，内观心境，体悟生息之法。

心境之修养，在于自身。没有享受的人生，活得再久也乏味。所谓的奢侈不再是金钱物质的享受，而是一个人有着自我的规划及对人生的追求和选择，或读书，或思考，或茶席共叙，或邀友同游，皆能让人心临平湖，涵养万千。

吃相好看不难堪

　　一日不过三餐，可这由每日三餐组成的人生，早已经将人的阅历和性格习惯注入其中。老话说，站有站相，吃有吃相。所谓"相"，作为名词，指的是外观、外貌，作为动词，意思是察看、判断。那么，通过观察一个人吃饭时的样子和动作，就能判断一个人的品行和性格，我觉得还挺靠谱的，正所谓"寻常处见功力，细微处见真章"。

　　《礼记》中早就有"夫礼之初，始诸饮食"的说法。中华饮食，源远流长。饮食礼仪在中国饮食文化里，是一个重要的部分。当然，在不同场合吃饭，人们都会去遵守一些不成文的规矩，以此展现个人的涵养和素质。礼仪也是吃相的表达，用饭过程中的礼仪可谓是整个用餐礼仪的重头戏了，有一套完整且繁杂的程序：要看准自己要取的食物，再动筷子，尽量不要碰到其他食物；最好让筷子上的食物在自己的盘中过渡一下，再送入口中，直接把菜肴放入自己的口中是不礼貌的吃相；吃饭时，应端起饭碗，用饭碗贴紧自己的嘴巴，用筷子把米饭推入口中；多吃靠近自己面前的菜，尽量少吃离自己远的菜；夹菜应从盘子靠近或面对自己的盘边夹起，不要从盘子中间或靠别人的一边夹起；喝汤不要发出声响，用汤勺小口地喝，不宜把碗端到嘴边喝；汤太热等凉了再喝，不要一边吹一边喝。

　　一个人的饮食习惯和进餐动作，都是在长期生活环境中形成的。有些人吃饭很快，大快朵颐，风卷残云一般。这类人多半不拘小节，性格豪爽，他们说话做事都比较快，属于行动力高的一派。和这类人一起吃饭通常比较有趣，他们不会冷场，在吃饭的时候往往会奉上一些有趣的段子和八卦当作"配菜"。和这样的朋友聚餐，吃的不是菜，而是开心。在北方遇到这样性格朋友的概率比较高，三五好友聚在一间苍蝇小馆，点几个特

吃相可折射出一个人的修养

色的硬菜，再来几瓶冰啤酒，大碗喝酒，大块吃肉，小酒馆仿佛就是一个江湖，无论工作生活中有什么不顺和压力，找朋友吐吐槽、倾诉一下，就又能充好电，生龙活虎地在生活中当自己的英雄。

与之相反，有些人在吃饭的时候习惯细嚼慢咽，嘴里有食物的时候绝不开口说话。这样的人一般比较谨慎，做事规划性比较强，考虑问题的维度也比较多。他们给人的感觉很斯文，讲礼仪，说话做事有条理，又注重细节。和这样的朋友去江南水乡，找一茶舍雅间，点上一壶龙井，再来几款精致的茶点，边品茶边赏景，也十分有趣。晚上可选择江边湖畔的酒楼，上几道本帮菜，再热一壶花雕酒，伴着江南婉约的琴调小曲，便能真切感受到"上有天堂，下有苏杭"的魅力了。

当然，吃饭时的眼神也很重要，那种吃着碗里、望着盘里的样子，就不太受欢迎，这样的人会比较贪心，也比较自私，不会照顾别人，只在乎自己的感受。遇到有这样习惯的朋友，今后的交往可能需要谨慎一些了。

吃相是一个人素养和文明程度的象征。在法国订餐，会通知你穿着正规的礼服参加，而当你走进富丽堂

皇的餐厅时，落座后的餐巾摆放和使用，都透露出一种
优雅和庄重，不仅有对人的尊重，仿佛对食物也是一种
尊重。

　　吃相上入乡随俗是非常重要的。在我游历不同国
家和各个城市的时候，我都会深刻感受到地域饮食文化
的强大力量。如土家族的摔碗酒，能将现场的气氛推到
极致，一饮而尽后掷地有声的摔碗动作一气呵成，土家
族的热情好客，让异乡人也能很快融入其中，这个时候
的吃相只能入乡随俗了。如果是吃怀石料理，最好提前
做好"功课"。这种源于茶道的日本传统高档餐食，有
非常讲究的一套体系。这和完整的西餐一样，有着复杂
的上菜流程，一切都有顺序。在品尝不同菜品的时候，
餐具的摆放、使用也都有相应规定，吃相自然也有相应
的要求。借鉴了中国传统文化的"和食"，多也如《论
语·乡党》所云："食不语，寝不言。"只不过有时遇
到太好吃的美味，日本人多以发出鼻音的"嗯嗯"来
表达。

　　吃相也好，吃的礼仪也罢，其实都可以折射出一个
人的修养。好的吃相可以帮助你通过得体的展现，赢得

信任，建立良好的人际关系，而不好的吃相丢掉的不仅
是面子，还有可能是别的更重要的东西。得体的吃相是
对自己有要求，也是对别人的尊重。毕竟物以类聚，人
以群分，你的吃相总会吸引到和你一样的人。好的吃相
就是你最美的模样。

小吃里的大修养

　　小吃和建筑一样，是一座城市可以记忆的东西，也是一座城市的灵魂和趣味之所在。

　　每个城市都有小吃。说起好吃的，印象深刻的大多还是小吃。如天津有狗不理包子，上海特色传统小吃小绍兴鸡粥，山西运城、晋中等地的特色传统小吃揪片，"中国十大面条"之一山西特色传统小吃刀削面，成都的肥肠粉，形容武汉人热情干脆有面子的热干面，等等。小吃不仅是一座城市的象征，更是一种文化的传承。

　　每个人都有自己的修养，细火慢熬是修养，不怕麻烦是修养，寻觅创新也是修养。但不管哪一种，都是为了成为更好的自己，找到和这个世界和睦相处的方法。

小吃的修养体现在默默无闻，以谦卑的姿态和内涵成为人们生活的一部分。对内，它"修己克身"，在匠心艺人的加持下，努力呈现自己最美的样子，对外，它丰富着人们的生活，给人启迪和警示。小吃的修养，告诉我们每个人都在把自己修炼成美好的样子，不但入口，也能入心。大家都能从中品味出时间的沉淀、光阴的努力、世界美好的感受，大家都能从小吃里找到生活的智慧。小吃以自己看似平淡的身世，慢慢修养和走上众人信奉的美食神坛。

武汉有个制作财鱼烧麦的陶师傅，他的财鱼烧麦，白泽的面皮，给人洁净的感觉。用筷子夹起一个烧麦，热气伴着鲜香扑鼻而来，轻咬一口，完全没有传统中重油烧麦的油腻感。鲜甜的米粒，柔润的口感，给人清淡的味觉享受；细细品尝，白色财鱼肉质软嫩，咀嚼的过程中，不时在唇齿间发出清脆的响声，那是咀嚼冬笋时发出的声音，偶尔吃到一颗葱白，那清甜的味道，伴随着鱼鲜，足以让人大呼过瘾了。他的财鱼烧麦，既迎合了湖北鱼米之乡的食材特点，又满足了人们对鱼鲜的向往，更契合养生滋补的时尚，关键是财鱼烧麦摒弃了传统重油烧麦的大油大荤的弊端，赋予武汉传统小吃以新的生命。财鱼烧麦这款小吃让我们不仅记住这座城市的文化，更让我们能在美食里享受美好的生活。正如他说的那样，财鱼烧麦是我对食物的心意，也是我对顾客的心意。

财鱼烧麦的糯米是他自己亲自挑选的，财鱼一定要是野生的，每一个烧麦里一定能让你吃到笋丁、财鱼和葱白，烧麦的馅心胡椒也是拿捏有度，既不太过刺激，又让人味蕾大开，让鲜味留存。不得不佩服陶师傅手艺的精湛和对楚菜文化中庸味道的理解。吃完一个烧麦，感觉到的就是满嘴鲜香，清淡不腻的烧麦，给你超凡脱俗的感觉。如果没有他对菜肴的认知高度和深度的自我修养，是做不出这道菜的。他对这道菜的认识是他自己通过修养认知得来的，多年的探索和修炼，让财鱼烧麦这个小吃呈现出了一种带着修养的美味。

修养的最高境界，是不自视清高，不强加于人，不取悦别人，不小看仪表，不封闭自己。修养是一个做人和知识水平的组合。就像小吃只有经得起忍耐，才能在人世间生存得更自在。比如兰州拉面和沙县小吃，只有守住内心的淡定与宁静，才能在茫茫的人生旅程中欣赏到美丽的风景，遇到更多更好和更美的人和事。

小吃从来不去问付出与回报为什么不能成正比，总是默默无闻地做好自己，低调地行事。小吃承载着烟火和温情，连接着味蕾和幸福。小吃虽小，却凝结着中华文化的独特魅力，小吃总是以低调亲民的形象出现，充满了生活修养的大智慧。正因为如此，美食和生活的链接，大多以小吃来比喻。有人以馒头形容人生哲学，当你饿的时候，会把馒头分给你一半的，那是友情；把馒头让给你先吃的，那是爱情；把馒头全给你吃的，那是亲情；把馒头藏起来，跟你说他也饿的，那就是社会。饺子的含蓄，面窝的心眼，汤圆的沉浮，油条的煎熬，常常被用来比喻人生的状态。麻团告诉我们：做人要成功，必须虚怀若谷；发糕告诉我们：人渺小时，比较充实，人伟大后，会觉得空虚；烧麦告诉我们：做人，脸皮不能太薄，也不能太厚；馓子麻花告诉我们：想成功，得有人拉一把。这些都是做人的方法。人生有时其实很简单，只要把我们钟爱的小吃中最重要的问题搞明白了，也就把人生所有的问题搞明白了。

　　对食物的咀嚼可以感受其中
的味道，对生活的咀嚼才能体味生
活的真谛。对待食物的态度就是对
待生活的态度。品过美味佳肴，看
清世间真相，人生不再迷茫。

▼ ▼ ▼

第四章 食无止境

幸福得升天的美味

不知从何时起，人们把吃到极好吃的或者含有油脂芳香类食物的感觉，称为"幸福得升天"。那丰腴的脂肪，醇香的味道，让人幸福无比。无论是油脂丰腴的金枪鱼或者三文鱼，还是鲜香四溢的黄焖肉圆或者红烧肉，那种让人欲罢不能的美味，总是有众多的拥趸。

对于鲜味的美食，人们形容为"鲜得掉眉毛"，而吃到丰腴肥美食物的时候，有人形容为"幸福得升天"。对这一夸张的表达，我寻思着：为何吃到美食会让人幸福得升天呢？

粤语里形容美食好吃叫作"好食到飞起"，日本人常说"美味しさ昇天"。《中华小当家》中常有这样的

画面：一个人吃一口菜，定格一秒钟，然后背景划过一道闪光，变成花海，连人带美食一起飞了起来。这些都是吃到美味，幸福得升天的不同表达。

　　一次偶然的机会，我在武汉大学的图书馆里读到香港中文大学教授岳晓东先生写的《登天的感觉》一书。令人好奇的是，书中，学生密密麻麻地做了记号。再仔细一看，它居然再版了50多次。我静下心来，一口气读完此书，其中一段对话令我印象深刻。岳晓东在飞机上询问同行的麻省理工学院的心理学教授："做心理咨询的人，会有什么样的感受？"教授说："是一种登天的感受。"教授把令人幸福和快乐的精神享受，形象地表达为"登天"。而美食同样也能传达幸福和快乐。我似乎找到了一点儿答案。

无意中听到汪峰演唱的《怒放的生命》："我想要怒放的生命，就像飞翔在辽阔天空，就像穿行在无边的旷野，拥有挣脱一切的力量。我想要怒放的生命，就像矗立在彩虹之巅，就像穿行在璀璨的星河，拥有超越平凡的力量。"幸福的感受仿佛是灵魂在呐喊中得到解脱，穿行在星河，拥有超越平凡的力量。我激动地对一个制作视频的朋友说，这首歌就是我想表达的吃到美食后幸福得升天的意思。朋友为此专门帮我做了一个视频。画面上是年轻的女子正把海胆寿司吃到嘴里，脸上露出幸福的笑容，而配乐就是汪峰的《怒放的生命》。吃到美食后的幸福，似乎让人的生命在璀璨的星空怒放。

日料被称为视觉的艺术。人们之所以热爱刺身，不仅是因为那极鲜至爽的美味，更因为它是最能让人幸福得升天的珍稀美味。它是一种符号，一种烹饪的高超技艺，一种对生活极简主义的坚持。色泽粉红、口感丰腴、入口即化，这些形容词都是美食家们赋予金枪鱼大腹的。肥润的金枪鱼大腹，从古罗马时代起，就是知味者眼中的珍馐。最为人熟知的三文鱼，肥腴细腻，鲜香嫩滑。鲷鱼、鲽鱼等白身鱼，更是肉质清爽，鲜美而带有甜味。整块寿司要一口吃下，唯有如此，香味才能完全相融，将整个口腔填满，让浓香的滋味无处可逃，在口中久久徘徊。清代李大为曾有《寿司诗》云："未睹寿司先闻香，盒中佳品未曾尝。晶莹软润真仙品，口水直坠三尺长。"真是涎水落地，幸福升天。

人类早有升天的梦想。"火星食物"的开发，为人类未来在太空的生存带来了可能。如今的"火星食物"，营养更丰富，口感和真实的食物几乎相同，味道更不用说，一样让人大快朵颐，幸福得升天。只是"火星食物"未来和人类在太空共存的时候，不知已经身处天上的我们会用怎样的话语来表达"幸福得升天"的感受呢。

美食会令人快乐，这种快乐，可能缘于我们传统文化中崇尚的"民以食为天"的观念。人们会用好的食物来供奉神灵，似乎让天上的神灵品尝美味，就能安顿和抚慰人的灵魂。

幸福是一种有意义的快乐。而好吃得仿佛可以让人升天的美食，让我们的吃事妙趣横生。幸福的美食让人留下美好的记忆，更让人多了一分温暖。

食趣

　　活得有趣，是最好的生活状态。有趣需要机智，需要幽默，活得有趣的人大多随性而安、淡泊从容。有趣的人一定是对事物有着深刻理解的人，甚至也是见多识广、饶有品位之人。有趣是一种大道至简的优雅，是一种对生活的了然于心和淡泊从容。真正能获得幸福快乐的人，必定是热爱生命、愿意把头埋进生活，细细探寻其中趣味的人。

　　王小波说："趣味是感觉这个世界美好的前提。"活得有趣，虽然和知识、挣钱多少没有多大的关系，但生活无趣倒真是件可怕的事。若是没有趣味，内心没有为之心动的事情，不起一丝涟漪，庸庸碌碌、百无聊赖，人生就会变得枯燥无味。

也许有人说，我不是这样的人怎么办？见识不多不少，看得穿，放不下，想得透，做不到，没有泥鳅的灵活，有点辣椒的辣劲。职场里不太讨人喜欢，幽默更不用说了，都是听别人幽默，自己笑笑而已，违心地编撰一个幽默故事，反而觉得难受和不自在。没关系，美食里的趣味，信手拈来，唾手可得，我们还真要感谢吃这件事，让我们的生活不至于太无趣。

家里的饭菜基本由我负责，一日三餐，一年四季，不停地变化总能给家人带来惊喜和幸福。早餐我喜欢将小葱、鸡蛋和面粉和匀后在锅里摊成薄饼，味道或香甜或咸鲜。自制炸酱面也是我的拿手好戏。煮三分钟再关火焖五分钟的鸡蛋软嫩适度、入口即化。中晚餐我喜欢用挂糊上浆的肉丝或者肉片炒菜，因为这样就能把最鲜嫩的口感带给家人。冬季里红焖羊肉也是我的拿手菜，清真的羊肉是首选食材，羊肉焯水必不可少，料酒是去膻味的不二法宝，小火慢炖是好吃的关键，一两个小时的伺候，把羊肉的鲜美尽显出来。食材变化的趣味，味道迥异带来的不同愉悦，美食里传达的幸福感觉，吃的

趣味在三餐四季里，在温暖的厨房里尽情得到发挥。很庆幸自己在充满创造的美食世界里活得有滋有味。

不同食材的口感让你在变化莫测中感受到生活的趣味。有的嫩滑到生怕溜走，有的酥脆得让你幸福得升天，有的扯筋带肉让你大快朵颐，有的软烂到入口即化……生活的感受点点滴滴融入心头，这种趣味简单直接，直击味蕾，荡涤灵魂。

　　说到吃得有趣这件事，不得不提大文豪苏东坡。苏东坡一生，常常不是被贬就是在被贬的路上，可以说没有报效国家的初心，没有美食的伴随，难以走过那些艰难的岁月。被贬到湖北黄州时，他没有因穷乡僻壤而烦恼，而是在《初到黄州》里写道："长江绕郭知鱼美，好竹连山觉笋香。"风景早已忘却，却把美味牢记心底，一副好吃佬的模样。这种有趣简直高级到极致。在惠州，他"日啖荔枝三百颗"，在海南，他写信给儿子："无令中朝士大夫知，恐争谋南徙，以分此味。"他坦荡、豁达，把美食的慰藉和趣味发挥到极致。

　　清朝的袁枚，也是个有趣的人。三十多岁辞官隐居，整天在家琢磨怎么吃。他在《随园食单·独用须知》中说："食物中，鳗也，鳖也，蟹也，鲥鱼也，牛羊也，皆宜独食……金陵人好以海参配甲鱼，鱼翅配蟹粉，我见辄攒眉。"他一辈子热衷于吃喝，写写菜谱和诗文小说，日子过得有滋有味，活到了82岁。

　　现代文学家汪曾祺喜欢做菜、抽烟。他说每当做完菜给家人吃的时候，他便在一旁抽烟，默默地看着家人吃着他做的美味。汪曾祺先生也说，会做菜给人吃的人一般都不太自私。我也做菜，当然知道这点，一顿饭做下来，全神贯注，气力耗费不少，当大家心满意足的那一刻，那种劳累瞬间化解，一种被认可的感觉油然而生。烹饪美食的人，用食物传递他们的情感。

生活唯美食与爱不可辜负。菜肴的创新可以给人带来更多的趣味。没有哪种乐趣，会像美食带给我们的幸福感一样伴随人的终生。当然，生活里的不如意十有八九，但有趣的人总能在美食中发掘趣味，抓住生活中微小而确实的幸福，把日子过得活色生香，让枯燥的生活开出趣味之花。

假如一个人对美食没有兴趣，那他的生活就像冬天无雪、春天没花一样，索然无味。对美食无动于衷或是欠缺兴趣的人，他的生活趣味必然会少了许多。对于美食，我们应该始终保持激情和好奇。因为，人只要带着一颗有趣味的心，就能发现，生活里柴米油盐酱醋茶，处处是欢喜与诗意。

食尚的舌尖体

"食尚"一词是我二十年前从《时尚》这本风靡全球的杂志得来的灵感，意即美食的风尚。如今，《时尚》可能不再有过去的巅峰，而"食尚"却成了新潮。连如今的美食评价也呈现"食尚"的风潮，在美食评价中融入了多元素的美感，在理性和感性的交错中，找到现代生活的参与方式。

宋朝绍圣年间，苏东坡被贬到海南岛儋县。当地有一位制作环饼手艺绝佳的老妪，因为店铺偏僻，生意一直不好。老妪得知苏东坡是著名文学家，就请他为店铺作诗。苏东坡怜悯她生活贫苦，环饼手艺又委实不错，就挥笔写下一首七绝："纤手搓来玉色匀，碧油煎出嫩黄深。夜来春睡知轻重,压扁佳人缠臂金。"寥寥28字,勾画出环饼匀细、色鲜、酥脆的形状和特点。这算是古代的美食评价或者广告吧。

如今流行的舌尖体文字让吃货们口水直流,也以情感为纽带串起人们心理的共鸣和认同,承载文化审美,印刻在每个人的心里。比如:一打开盖子,一股浓浓的鱼香扑鼻而来,勾起了肚子里的馋虫。就算光闻不吃,也能把人给馋倒,令人胃口大开。这些文字传达着人生特有的感知方式。只要点起炉火,端起碗筷,每个平凡的人都在某个瞬间参与创造了舌尖上的非凡史诗。

美食有脆、嫩、酥、烂、软、糯、㸆等不同质感,有红、黑、黄、绿、青、蓝、紫的颜色区别,有前香、中香、后香,以及菜香、调料香和烹饪香的表述,也有煎、炒、爆、溜、炖、焖、煨等烹饪方法的差异。如果仅以食物的色、香、味、形、器、质、养形容美食的特色,总有些曲高和寡的尴尬,毕竟懂得这样专业表达的人不多。大家吃到美食,总是率真地感叹"好吃"。但味道是立体而丰富的,如果对其进行颇具美感的表达,一定十分有趣。这就如同以节奏、和声、曲调的专业角度评价音乐，总会有点曲高和寡，而如果从情感的角度出发，人们对它的评价便会充满亲切感，并给人无限想象的空间。诗词和书法常常被用来赞美美食，人们品到一道美食，也会被背后的文化意蕴感染。

抖音上有个叫"识食物者姬图米"的探店达人，语言活泼俏皮，描述生动而有趣，他竟然运用音乐、生物、剧本杀、爱情、古惑岁月、文艺青年等方面的词汇和相关比喻来评价餐厅和食物，实在是有趣而有味。以他某次探店为例。在评价开胃小点时，他说："花生酱甜筒的脆响透过腭骨能让耳膜怀孕，泡芙蓝纹芝士如独行杀手终结了鼻腔的单相思，香港鸡蛋仔里的葱香与小虾的缠斗致敬着旺仔的古惑岁月。"用高目数细筛过滤做成的南瓜汤"丝滑如冰，海鲜融汇腌肉慕斯碎，骨子里傲气如爽，自带栗子香"。作为前菜的鹅肝三部曲，"让鹅肝委身于棒棒糖、白草莓和华夫饼，和基斯洛夫斯基颜色三部曲一样，前菜成为文艺青年的必修课"。随后的海鲜中"藏红花、蛤蜊与鱼子酱香茅汁凸显了法罗三文鱼的甜，而烤茴香则为主菜清口开路"，柠檬不切开而榨出的柠檬汁与野生酸蜂蜜"激情四射"。主菜

柠檬挞、冰激凌总是化不开温柔的甜

是72个小时低温慢煮的牛脸，它的朴素与樱桃萝卜、红酒汁甚至黑松露相映成趣。法餐甜品是最后的重头戏，与雪芭恋爱的柠檬塔唱出了今晚乐章的high C。小茶品集锦的彩蛋，如谢幕的返场般恋恋不舍。从开胃小食到最后的甜品，每一道菜均能做到工艺上的规整与形式的开放融为一体，尽显法餐的延展性，可谓步步惊喜。

美食不仅仅带给人口腹之欲的满足，也带来味觉和情感相通相连的体验。生活阅历越丰富，知识越宽泛，情感越丰富，在美食中越能找到共鸣点，对美食的感悟就会越深刻。不同领域的不同人群，对美食的表达都不同，十分有趣，服装、发型、室内音乐、汽车和电影等方面的词汇，都能用来表达美食的特色，比如，人们常常以品酒时酒体的平衡度、复杂度、饱和度来形容一个汤品。优秀的表达，使美食的味道从抽象走向具体，如把烘焙、烧烤的香气细分描述为板栗、榛子、杏仁、核桃等香味，层次分明，清晰而明了。如今的舌尖体文字还把这种表达推向了"吃饱了再谈理想"，"努力把不咸不淡的生活，过得合自己的口味"的人生哲理高度。

食尚的舌尖体满足了表达者的表达欲，有时候让人觉得比品尝美食本身还快乐。只要美食存在，舌尖体就会给我们多一点别样的滋味。平凡的日子里，美轮美奂的美食让人真正觉得妙不可言！人群中总有那么一类人，推崇着美食文化，成为名副其实的美食达人。

好吃不妨叫出来

曾和圈内的美食作家一起吃饭，大家在谈论如何评价菜肴好不好吃时，有着不同的见解。有的人认为：甲认为好吃的，乙不一定觉得好吃。这种说法不无道理，毕竟美食的感受是个人化的。

清代林洪在《山家清供》中记载宋太宗赵光义和状元苏易简的对话。宋太宗问："食品称珍，何者为最？"对曰："食无定味，适口者珍，臣心知齑汁美。"这段经典的对话阐明了食物好吃的标准就在每个人的心中，适合自己的食物就是最好吃的。

对此感触最深的是去北京的餐馆吃饭，好客的北京朋友把当地有名的菜品推荐给我：木须肉、烤鸭、爆京片，地道而传统，还极力推荐北京人偏爱的豆汁，他觉得来到北京不喝豆汁，仿佛会有"不到长城非好汉"的遗憾。而那豆汁，我一口下去，一股酸馊的怪味，让我的表情呆滞，不敢喝第二口。我纳闷：为什么北京人爱喝豆汁儿呢？有的北京人说：都是被父母逼的。北京的朋友解释：以前老北京人都是用豆汁去火，大家认可它清火解毒的功效，自然会让自己的小孩喝。有些小孩虽然觉得不好喝，却会被父母逼迫着喝下去，喝着喝着就习惯了，于是，喝豆汁的文化就这样一代一代地流传了下来。北京人爱大口地酣畅淋漓地喝豆汁，更把喝豆汁当成一种享受，并成为北京人的一种饮食文化。不过豆汁的味道并不是所有外地人都能接受。

　　美食有标准。从色、香、味、形、器来说，每一项都有深刻的内涵。虽说一种食物可能是"甲之蜜糖、乙之砒霜"，但当我们大快朵颐时，会由衷地感叹"好吃！好吃"，这感叹发自肺腑，把味蕾的舒适和肠胃的满足用简单的语言表达出来，如同人听到好的曲子，会感叹"好听！好听"一样。

　　你说的好吃，也许在有些人看来，不一定美味。但

我想说的是：倘若你吃到好吃的，不妨畅快地说出"好吃"，因为那一定是你喜欢的味道。

有一个新词"食物高潮"（foodgasm），在线"城市词典"（Urban Dictionary）中其中一条定义是："品尝惊艳美食之时欣快异常的感受。"很多国家提倡"体验美食高潮"的用餐方式，即遇到好吃的要说出来，据说这样才能体验到美食的激动人心之处。

人吃到美食会兴奋地叫出来是有一定道理的。科学研究表明，好看的美食令人大脑的海马区感到愉悦，香味会令大脑皮层兴奋，促进胆汁和胃液分泌；丰润的油脂会让神经跳起舞来，使被多巴胺激发的细胞产生高潮。美味唤醒了人全身的力量和幸福，而人的语言中枢也会不由自主地被激发。所以当人吃到美食时，大多会发出愉悦的声音，感叹"好吃""嗯""不错"等。

有的抖音美食达人喜欢在吃到美味时拍大腿，这让我想起一首歌："如果感到幸福你就拍拍手，如果感到幸福你就跺跺脚。"跺脚也好，拍手、拍腿也罢，只要你自己觉得好的，不妨发出自己表达幸福的声音。

以食物为自己"代言"的美食微纪录片《听声音就好吃》获得观众好评。听起来就好吃，说出来就更好吃。人的语音对食物味道有着积极的心理暗示。所以当遇到美食时，你说"好吃"，食物会变得更好吃。好吃就不妨说出来吧！

美妙的融合菜

　　法式甜品中层层叠叠的酥皮和经过芥末和酱料调味过的香螺肉，吃起来味道、口感丰富而有穿透力；鲜红诱人的蟹膏铺在软糯的糯米饭上蒸熟，香气渗透到米饭里，软糯鲜美，让人吃起来相当满足。鹅肝酱干捞粉丝、香煎青花鱼配迷你茄、法式芝香琵琶鱼……这些融合了不同餐饮文化的菜式，混搭的烹调方式，多元化的味道，给予菜品新的生命，展现了融合菜的特点。

　　Mix and Match原是一个时尚界的专有名词，指将不同风格、不同材质、不同身价的东西，按照个人的喜好拼凑在一起，从而混合搭配出个人化的风格。融合菜其实也是一种时尚的混搭，是多种菜系的融合和混搭，有

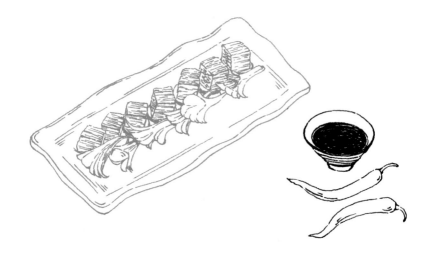

多元化的意味。澳门的葡国菜、美国得州的墨西哥菜、巴西的日料等都是融合菜的代表。

　　我组织了一个由美食爱好者组成的美食品鉴团，对有特色的美食，我们总会组团去探店品鉴。当问起菜品的特色时，经营者无一例外地回答：是以融合菜为主。他们的融合菜体现了对美食的理解与热爱。用心烹制的精巧菜式往往给人耳目一新的感受，让过去的菜品在新派的融合菜面前黯然失色。

　　融合的方式有多种：不同地域的食材融合，烹饪和调味方式的融合，造型装盘的融合等。融合让大家在美食制作和创造中找到了灵感，也让传统的菜品焕发了生机。

湖北恩施的小土豆和藏香猪就是通过食材的融合，给人温润糯粉的口感，俘获了不少食客的舌头。有些意料之外的食材混搭，往往也能产生奇特的效果。用酸菜和藕浆相结合做成的锅巴，薄脆香酸而有味道，还有财鱼烧肥肠、五花肉烧糯米圆子等，无不体现着食材的融合之美，也让我们感受到奇妙的美食体验。

湖北人喜欢吃糍粑，吃时多蘸上糖浆，而爆浆菜多在分子料理中出现。爆浆糍粑就是以上两者的融合。它颠覆了传统糍粑的吃法，把糖浆包裹在糍粑里面，软糯的糍粑，入口即化；汩汩流出的糖浆有着化不开的温柔甜味，借助糍粑的糯性，把幸福的味道留在口中的每一个部位。

在中西美食的味道融合中，独具美食味觉与视觉效果的混搭，似乎越来越流行。如法国餐馆的东南亚菜里有道鲑鱼，用柠檬草、姜、大麦和鱼子酱作佐料，两块鲜嫩多汁的鱼肉上浇着美味的酱汁，周围摆着一些大麦和鱼子，再淋上一圈用日本豆面酱做成的酱汁，每一口都有不同的口感，合起来便产生有趣的感觉。日本人曾大量移民巴西，于是拉丁菜中便有了日式调味。村上春树在《寻羊冒险记》中提到的一道鳕鱼子奶油意大利面就是酱油和葡萄酒复合的味道。这种味道的融合，更多是多元文化的交融，并在融合中努力使外来文化向本土文化倾斜。这些味道上的变化，给我们带来更加丰富的感受。

而流行的创新菜的造型和摆盘一般都吸取了米其林餐厅的特点，融合中国传统的山水和借景艺术，让美食有了更多的美学韵味，体现了中西饮食文化的融合。

熟悉的味道的变化，创意的搭配，这样的融合才能给人惊喜。就像电影《料理绝配》一样，主人公将传统番红花奶油酱中的月桂叶和柠檬汁用泰式莱姆叶替代，再搭配上煎干贝，创造了令人惊喜的美味。融合菜，融合的是理解与精神、技艺与创意，最终的目的是平衡和包容。只有将自己文化的基因和根脉融合其中，才能给菜肴以生命，达到融合的目的。完全陌生的融合，是难以让人接纳的。

融合菜是时代发展的趋势，它把各地的烹饪特色结合在一起，让我们更加全面地了解美味世界。融合菜看起来是食材、味道或者技法的融合，其实背后更多的是文化的融合，因为只有文化的理解和认同，才能使食物意相近，味更美。

蛋的造化

　　蛋和我们的饮食联系紧密，中国人在吃上的智慧，在蛋的吃法上体现得更为突出。

　　咸鸭蛋各地的吃法不同，北方会吃的人，用刀口轻轻沿着蛋壳的竖面敲打出刀痕，再沿着刀痕切下去，这样咸蛋黄便在正中央。身为作家也是美食家的汪曾祺则是敲破咸蛋的空头，用筷子挖着吃。不过鸭蛋在清明节前后很少有空头的。腌得好的咸蛋黄，油润似沙囊的西瓜，咸鲜味浓，遇上双黄鸭蛋，那就是意外的惊喜了。咸鸭蛋单独吃好吃，和时蔬搭配也有绝妙的口感。上汤时蔬中，少不了咸鸭蛋的身影。它咸鲜的味道，让青菜的清香在口腔中弥漫，那种感觉无比美妙。

松花蛋，光看其琥珀般的外观就令人赞叹，蛋里的松花是蛋中的氨基酸盐，是不溶于蛋白而形成的美丽的花纹。切开清澈透亮的蛋白，溏心蛋黄滑溜溜地流出，入口Q弹香浓，鲜嫩醇厚。加黄瓜、蒜蓉、香菜、生抽、白醋、香油等凉拌，简直是下酒利器。皮蛋空口吃会有烧口的感觉，若是加点醋和姜、蒜，那种中和的味道，却让人吃得停不下来。皮蛋常常和瘦肉搭配，熬制成皮蛋瘦肉粥，滋味丰富，味道撩人。皮蛋拌豆腐，也是人们夏天的最爱。

剥皮蛋是有窍门的，不会剥的一点点地揭开蛋壳，而我总是从皮蛋的中间横着轻轻地磕一圈，轻松就能把两瓣已经分开的蛋壳揭开。有窍门，有时会让人产生事半功倍的快乐。

很多人应该都吃过"茶叶蛋"。日月潭湖心岛上有个卖茶叶蛋的老婆婆，生意很火爆，她的香菇茶叶蛋，入味香浓，一个是不够吃的，去阿里山不吃茶叶蛋，就像不到长城非好汉一样。茶叶蛋蛋壳破裂最多的，最入味。同样，人生经历愈丰富，挫折愈多，愈有内涵。

鸡蛋这种雅俗共赏的美味，对人体十分有益。过去的人家大多自己养几只母鸡，把刚下的鸡蛋趁热吃下，据说是营养人的吃法。如今有的地方还吃所谓的"孵化蛋"，就是已经受精的鸡蛋，里面鸡头已成形，还带点细毛。有人说这样的蛋最补人。这已经成为江浙一带的食俗。我在萧山一家酒店看到这道菜上来，看着别人津津有味地吃，我的心里却难以接受。

五星级酒店的大厨们，过滤掉蛋清，把蛋黄调整到中间位置，小火加热8分钟，得到边缘圆润的"漫画"鸡蛋。它黄白分明，蛋黄灵动，没吃就已经让你心动。水烧开后加入有利于蛋白凝固的醋，搅动，让水旋转，放入鸡蛋，用小火煮3到4分钟，就会得到水波灵动般的水波蛋。将它放在吐司上，加点胡椒、盐调味，就成为很有格调的一份早餐。而将1升水烧开后，加入300毫升的常温水，放入4到5个鸡蛋，在18度的温度下焖上14分钟，就可以得到日料和西餐中完美的温水蛋。轻敲蛋壳，蛋黄汩汩流淌，柔软得让你的心都被软化。大多数人喜欢吃的溏心蛋，是用大火将水煮开，加入凉水，以防止蛋壳裂开，再放入鸡蛋，大火煮五分半左右，捞起放入冰水冷却即可。溏心蛋软硬适中，颇受大众喜爱。而在68度低温慢煮一个半小时的鸡蛋的蛋黄口感最完美，大家不妨试一试。我们最喜欢吃的还属荷包蛋，大火多油煎出来的鸡蛋，总是那样芳香四溢，惹人喜欢。据说早餐吃油煎的鸡蛋，反而有利于降低胆固醇，更何况它还有妈妈的味道。

鸡蛋这种上得了厅堂、下得了店堂的美食，人人都可以享受它的美味。做主菜有它自己的位置，做配菜，它不动声色，却总能成人之美。

鸡蛋不仅给人美味，还让人悟出哲理。从外打破是食物，从内打破是生命。人生亦是，从外打破是压力，从内打破是成长。如果你等待别人从外打破你，那么你注定成为别人的食物；如果能自己从内打破，那么你会发现自己的成长相当于一种重生。

厨艺的PK

　　能以五星大厨相称的基本是在五星级酒店工作过的大厨。他们多以一个菜系为主打，厨艺高超，透彻地理解菜系的特点，能准确地把控味道，呈现出令人满意的菜品。而民间的厨艺家，虽然未接受专业的训练，但对食材的理解也很深刻，能吃到他们做的美食也是难得的享受。相比于五星大厨而言，民间的厨艺家做美食，往往不按常理出牌，添加的调料都带着自己的浪漫或者激情的想法和冲动。然而正是这不一样的表达，往往给人惊喜和意外的收获。

　　我认识一位在做菜上很有想法的李大姐。她早年上电视做过菜，做的私家宴广受好评。一次席间，她谈起的柠檬、杨梅、葡萄泡基围虾和尖椒泡藕，引起了我的食欲。脑海里突然闪过请她与五星大厨PK厨艺的想法。经过筹备，我召集一群爱好美食的好友，在五星大厨的私房餐厅开启了一场美食的碰撞。

首先上的是李大姐的泡藕和泡罗氏虾。罗氏虾入口酸甜，虾肉弹滑嫩爽，有不错的平衡感。辣味和酸甜味有机结合，互补凸显，酸中有微辣，咸中有回甜，味道之间相互呈现。李大姐把以尝鲜为主的食材，变成了入味的凉菜。旁边品鉴的朋友也赞不绝口。

紧接着是五星大厨的小米辽参。它黄黑相映，和谐有趣。鲜美的味道，滑嫩的辽参，小米饱含着鲜汤的味道，品位顿现。

李大姐的红烧肉上桌了。油润的大块红烧肉，颤巍巍的，入口即化，酱油的酱香和肉香交替融合，肉下面饱含汤汁的干豆角，绵口而易于咀嚼，回味悠长。这种大胆的搭配，多是民间不按章法出牌的创意。

随后，五星大厨的酥炸咸肘子上桌。我吃过德国的烤猪蹄，咬不动猪蹄，味道单一，让人失望。而五星大厨的炸猪肘，一口咬下去，味道咸香鲜美，口感丰腴软糯，让人幸福得飞天。五星大厨名不虚传。

最后是李大姐的粉蒸鲴鱼。米粉里带着孜然的香味，在米粉的裹挟下，一眼看去，大家不知道是什么菜，用筷子夹，竟然因嫩滑而夹不起来，硬是要把筷子横过来，才能把它挑起。

一道粉蒸鲴鱼，把鱼米之乡的楚风雅韵体现得完美无缺。

我庆幸能看到二人的PK。五星大厨的经典厨艺，民间厨艺家的美食创意，一个稳健，一个出其不意，就像波浪一样，此起彼伏，绵延前行。

大家意犹未尽，赞不绝口，我也激动地对李大姐说："创意无限，名不虚传。"

第二天，李大姐高兴地把她精心调制的酱菜、各式蘸料以及吃炸制菜用的蘸料送给我品尝。当我打开吃炸制菜用的蘸料时，一股似曾相识的味道扑鼻而来。红色的是辣椒粉和孜然混合后的蘸料。李大姐说里面还放了花生和芝麻，我好像被点化一样，那种味道，立体而清晰，香气也更加浓郁。回到家里，我迫不及待地打开酱菜。鱼虾和干贝裹着酱香，鲜香纯正，如同乐曲中的高音，高亢而饱满。酱菜中的花生增香增脆，小鱼柔韧有味，酱菜的脆嫩，让口感富于变化，让舌尖有了不同的体验。而当我用李大姐送的野葱油煎鱼，一股奇异的香味扑鼻而来，沁人心脾，让人享受至极。天生对美食有领悟力的李大姐，不愧为美食高手，让我不由自主地发出"美味在民间"的感慨。

五星大厨也好，民间厨艺家也罢，都告诉我们一个道理：高手虽是一种理想状态，但需在自己喜欢的事情上保持深耕的姿态。只有在自己喜欢的事情上投之以爱，付之以情，捧之以心，才能酿成匠心。

尴尬的吃

　　吃这件事情上，也有许多尴尬的事情发生。食材丰富多样，大家不一定都认识；吃法千姿百态，人们不一定都了解，有时甚至会因语言沟通造成尴尬。

　　改革开放之初，人们对拔丝菜颇为喜欢，拔丝苹果、拔丝葡萄、拔丝香蕉，似乎只要是人想吃的都可以用来拔丝。吃拔丝菜的时候，会随菜上一碟给拔丝菜降温的凉水，有时顾客会把它当水喝掉。从前，基围虾呈上餐桌时，往往也会随菜带上一碗柠檬水或者茶叶水，用以洗掉手上虾的腥味，它同样会被不知情的人喝掉。喝到茶水还好，最多大家一笑了之，而喝到柠檬水，那酸涩难耐的尴尬和难受的味道只有自己往肚子里吞了。

随着西餐在年轻人中流行，就餐形式的不同，有时候也会带来尴尬。西餐厅里的餐巾是放在腿上用的，而不是放在衣服领子里。吃铁板牛排时，服务员除了给我们递上一杯柠檬水之外，还会递上来一张纸巾。很多朋友会认为这是用来擦手或者擦嘴的。其实不是。铁板牛排刚上来的时候非常热，掀开锅盖之后汁水可能会因为温度太高而喷溅出来，所以这张纸巾是用来挡油污的。如果你用来擦嘴，而没东西挡油时，多少会失去端庄与优雅。

对食材的认知错误，有时也会让人尴尬。有一次，一行人去酒店吃饭，不知谁点了笋子煲。大家以为吃到嘴里会是本地脆嫩清甜的冬笋，结果笋子强烈的苦味让人眉头紧锁。同桌的一个朋友叫来服务员，说这菜变味了，要求退掉。服务员说，这笋本来就是苦的。我连忙说，这种苦竹生长出来的苦笋，脆嫩、色白、微苦、回甜，多生长在南方一带，而在我们湖北，大家很少吃到这样的苦笋。大家听我一说，反而有点尝鲜的想法，只是吃苦笋的味道，多少带点尴尬。

谁都会吃，但吃的方法却不一定人人都知道。螃

拔丝苹果已成过往，烫嘴的尴尬不再

蟹正确的吃法，应是最先吃蟹膏，再吃蟹肉，最后吃蟹腿。有的人还会把吃完的螃蟹壳整齐地还原成螃蟹的形状。螃蟹中丝状的肺腮、蟹胃、蟹心和蟹肠都是寒性极强的，最好不吃。如果在餐桌上吃错，难免会尴尬。

有时候语言的不通，也会在吃事上造成尴尬。曾有朋友给我讲起一个由于语言不通造成尴尬和误会的故事。他去一家北方饺子馆，老板娘是位北方大姐，很热情。他点了羊肉饺子三两，卤味花生和凉拌大葱千张丝，以及一份卤猪脚，也算是吃北方饺子馆的标配了。盛夏的季节，门口的塑料门帘难以挡住见缝就钻的苍蝇。一只苍蝇落进了他的水饺盘子里，让他酣畅的食欲就此打住。他叫来老板娘，老板娘连声道歉，正准备换一盘。一旁有个送货的苏北大伯见状说："这是自己捅进来的。"他以为老伯说苍蝇是他自己揣在兜里带进餐馆然后放到饺子中去的。这说法怎能让人接受？他问大伯说什么，大伯反复说苍蝇是"捅"进去的。他差点和大伯发生争执。老板娘一个劲地道歉，说大伯是苏北人。他似乎明白了什么。后来才得知，苏北话里，"捅"就是飞的意思，大伯的意思是，苍蝇是自己飞进去的。而武汉话里，"捅"是自己把东西揣在兜里的意思。所以语言的误会也会造成尴尬。

餐桌有餐桌的礼仪。有时人坐错位置会尴尬，餐桌上的应答文不对题，也会尴尬。吃法不对，看到的人会尴尬；如果事后知道自己吃法不对，自己也会更尴尬。人们往往会从吃这件事上看待一个人的修养。看来，在吃这个问题上，还是多做点功课为好。

生活中尴尬的事情不少，解决的方法也很多。自圆其说也好，将错就错也罢，最好的方法就是用风趣幽默的方式化解。贾平凹说："世界上的事，若不让别人尴尬，也不让自己尴尬，最好的办法就是自我作贱。"人在相貌上可以自我作贱，在吃的"尴尬"上，还是多点坦诚和幽默为好。

穿过泪眼的美食

人对食物没有情感，无异于吃草，食物只是饲料而已。当人怀着对食物的敬重，感受到食物承载的情感时，总有一刻，会因美食而触动内心最柔软的地方，而不由自主地被感动得落泪。

浙江大学有个教授给我讲过一个故事。有个女生春节没有回家，老师叮嘱她千万别看电视，学生问为什么，老师只是说："你不看就是了。"学生却没有把老师的话放在心上，年三十晚上，她打开电视，当看到电视里放着她家乡的美食，而且是她妈妈经常做给她吃的食物时，女孩看着看着就哭了。食物让她想念家乡，想念母亲的味道。

一方水土养一方人。故乡的水、家乡的饭，最甜最香。味道是骨子里绕不开的乡愁。看到和家乡有关的食物而流泪，这就是思乡情怀。看到电视屏幕上出现家乡美食而流泪，勾起心中的乡愁，这大概是很多在外漂泊的人都经历过的。

美食也曾让我流泪。而让我落泪的竟然是一块菠萝面包。2020年，武汉疫情牵动了全国人民的心。我收到来自全国各地朋友们的问候，那样的艰难中我并没有落泪。当封在家里三个月后，小区开始团购，小区一家港式茶餐厅老板也做起了点心外卖，老板留给我仅有的一个菠萝面包。也许是好久没吃到菠萝面包的缘故，又或许是甜美的味道最令人感动，抑或是感慨几个月艰难的日子，当我收到菠萝面包后，一口咬下，那带着炉温的香甜的菠萝面包，外皮酥脆，内心柔软，香甜快乐的味道让我满眼泪花，心里百感交集。疫情期间，上海的老人拿到志愿者捐赠的鸡蛋时，也是泪流满面，连声说谢。食物承载的情感太多太多。

在华为，有一个广为人知的"一人一厨一狗"的故事。讲的是在印度洋上一个叫科摩罗的岛上，开始，分

令人落泪的美食味更美、情更深

公司只有一个华为员工以及他的狗。后来公司专门为这个分公司配备了一名厨师。据说,当这个工程师吃到厨师做的一桌丰盛的菜时,足足哭了一个小时,那是一种对关怀的感动,一种对理解的感恩。这都是美食带给我们的温情和感动。

当然,食物自身也可能让人流泪。切一点洋葱,吃一点芥末酱,来一点朝天椒,都可能会让人落泪。有研究把流泪分为反射性流泪和情感性流泪,美国明尼苏达大学的生物化学家威廉·弗雷发现,在情感性眼泪中,蛋白质的种类比反射性眼泪多20%~25%,钾含量更是后者的4倍,而且锰的浓度要比血清中的高30倍。情感性眼泪还富含激素,比如肾上腺皮质激素和催乳素。

电影《食神》里的黯然销魂饭,让星爷痛哭流涕。其实每道菜都只是食材的组合,重要的是做菜人的心意,用自己的情感为菜品注入灵魂。不管是黯然销魂饭,还是腊肠土豆焖饭,有那份感情在其实就足够了。打动人心的美食总是会令人感动得落泪的。在美食面前,因为感动,我们的泪点变得越来越低。

因食而哭,原因很多,并非都是因为感动,也有委屈、失落。在电影《天下无贼》中，刘若英扮演的角色，已经怀孕，在得知心爱的人的死讯时用饼卷着烤鸭，拼命往嘴里塞，一颗颗豆大的泪珠随之滚落，嘴角沾满了酱汁也不在乎，为了肚子里的孩子，她必须吃。那种眼泪忍不住流下却又不能哭泣的心情，在美食的铺垫下细腻地呈现，比号啕更有表现力。电视剧《四重奏》里有一句台词："会边哭边吃饭的人，才能够活下去。"这也许就是生活，虽然总有突如其来的痛苦，但你唯一能做的，就是让自己过得好一点。你要知道，哭着吃过饭的你，是能够走出困境的。

正是因为有对情感的寄托和向往，美食才有了自己独特的意义和价值。美食与人的情感相连，无论在什么环境和条件下，总能唤醒人内心的情感，或是乡愁，或是想念，或是难过，或是失落，或是幸福。

不经风雨，哪能见彩虹，不经磨难，哪里知幸福。在美食面前，人性会呈现出真实的一面。人间美食，千姿百态，它们或承载了一个清白的灵魂，或者承载了一份滚烫的情怀，当你一头深深扎进它沸腾滚烫的心怀时，会产生共鸣，体会温情。那落下的眼泪，源于那知你懂你的世界。

当馋猫遇上"馋猫"

猫很好（hào）吃，对美味的抵抗力又弱，于是有了馋猫的称呼。人也有好吃之说，好（hào）吃到极致，也会被称为"馋猫"。

一部名叫《流浪猫鲍勃》的电影记录了小猫和人的真实故事，小猫帮助主人走出困境，获得新生。记录人和猫的真实故事的《A Street Cat Named Bob》一书出版，全球畅销几十万册，已被翻译成18国文字。现在很多人喜欢养猫，大家称呼自己是"猫奴"，这是人对猫最愉快的"俯首称臣"。大量的"撸猫""吸猫"族出现，可见猫真是减压的好宠物，为无趣的生活增色不少。

猫遇到爱吃的食物，总是拼命地拉扯，不肯松口让食物离嘴。美食的力量就是这么强大，能让向来高傲的猫咪乖乖听话。曾看到有人给猫喂食，每喂一块猫粮，猫主人就和它握个手。主人左右手开弓，猫也吃得津津有味，吃完后，还会用舌头舔舐回味。我家也有只小猫，名叫点点。我吃奶昔蛋糕的时候，会把奶昔给它吃，它舌头吧嗒吧嗒地吃得津津有味。有时候，我在餐桌上吃饭，点点便前脚抬起，站立在板凳上，头露出餐桌，仿佛人一样和我一起吃饭。

"馋猫"般的人，遇到吃前有期待、吃后有回味的美食绝不放过。在美食面前，他多半会成为它的俘虏。人在吃到美味时，多巴胺神经元被激活后会释放一种阿片类物质，让神经兴奋。大脑感觉到这种兴奋，会产生快感，进而对食物产生渴望。这就是"馋"。"馋"驱动人不停地追求美食。而被称为"馋猫"的人，往往对美味的喜好范围广，兴趣宽，觉得什么都好吃。

馋不等同于贪吃，正如梁实秋先生所说："馋则着重在食物的质，最需要满足的是品味。馋非罪，反而是胃口好，健康的现象，比食而不知其味好得多。"

在食物的选择上，猫和人不同。人喜欢吃的葱或洋葱、牛奶、巧克力、章鱼、贝类等，猫却不喜欢。猫最爱吃的其实不是鱼而是肉，猫喜爱肉食是基于基因分析得出的结论。看来馋猫和"馋猫"一样，也是无肉不欢的。只不过"馋猫"般的人对食物的形状、质地、口感有着特殊的要求。猫对食物的形状没有太多的要求，只要味道好，什么都可以吃。但对气味，猫却有着十分苛刻的要求。猫的嗅觉比人敏感得多，猫凭嗅觉判断食物存放的位置。猫吃任何东西，都是先闻后吃，通过嗅觉分辨出食物是否新鲜或变质，猫最怕蔬菜水果和植物等的刺激性味道，有喜欢的味道的食物才会让它开怀大吃。这也是动物自我保护的本能。看来，馋猫虽馋，但对吃还是很讲究的。人对食物味道也很看重，会拒绝变质食物的味道。人对甜味的喜好是天生而乐此不疲的，但猫由于基因缺陷，无法品尝到甜味。也许缺乏"甜味受体"正是使猫科动物成为食肉动物的重要原因。由此看来，还是人类这个"馋猫"更幸福。

有些宠物猫，天生喜欢亲近人。无论你做什么，它总是在旁边用头蹭你两下。相处时间一长，你出门它要送你，你回来时会接你，见不到你，甚至可以喵喵喵地叫一晚上，而一旦见到主人，立马便会安静地待着。慢慢地，你似乎听懂了它的诉求，能在它的叫声中和它互动。日久天长，缠人的馋猫成为人们生活不可分割的一部分。

　　食物每天与我们相伴。曾和一群自称"馋猫"的朋友去品尝百年老字号"四季美"的早餐。牛肉粉、鸡冠饺、生煎包、糊米酒、汤包，一切都是熟悉的味道，让人感受到这座城市的灵魂。传统的香菇汤包依然味美，而创新的番茄汤包却鲜到极致。早点的美味让生活在这个城市的人感到幸福。人有了美食的陪伴，家庭温暖，人间可爱。"馋猫们"有了中意的美食，生活顿觉惬意和快乐。

有一位好友曾在朋友圈上留言："让深的更深，让浅的更浅。"这世间唯美食和爱不能辜负。无论是养育我们生命的美食，还是曾经陪伴你的猫，都需要我们温柔以待。

香和臭的畅想曲

　　香和臭看上去天生就是矛盾的，然而在食物的香和臭的选择上，有些人却对臭味食物喜爱有加。

　　香表示气味好闻，有饭香、菜香、肉香、酒香、茶香等。大家多追求香味，因为香让人愉悦。天然的香、食材的香以及烹调产生的香，都能让人享受其中。然而对臭，人们大多避之唯恐不及，捂起鼻子，生怕被那臭味感染。在生活中，这种本能成为大家的习惯。可偏偏在吃这件事情上，人们对臭却另有爱好。臭冬瓜，臭腐乳，臭干子，臭豆腐，有名的安徽臭鳜鱼……都是人们喜爱的美食。在湖北武汉的新洲区，就流传着臭羊肉的吃法。

　　我对臭羊肉早有耳闻，一直怀着好奇心。一日去新洲讲学，特请好友找到当地有名的海师傅餐馆，去品尝一下久闻大名的臭羊肉。臭羊肉上桌，倒也无太大的异味，只见锅仔里红萝卜、大蒜夹杂在臭羊肉间。汤刚开锅，一股微微发酵的味道扑鼻而来，我迫不及待地先来了一块臭羊肉。入口软烂的羊肉使人愉悦，紧接着鲜香在唇齿间弥漫开来。咀嚼间，鲜香和臭味交织，两种水火不相容的味道，奇妙地组合在一起。汤汁把鲜味牢牢地锁住，满嘴浓郁的鲜香，绵绵不绝。香味往往散发得快，而臭味的散发却要缓慢得多，这让先臭后鲜的臭羊肉尽显魅力和特色。臭羊肉汤鲜味美，用它的汤泡饭，

两碗，三碗，好吃佬一般不吃到味觉稍显迟钝和倦怠是不会停下的。

不知什么时候，臭成为人们的喜好，但如何把臭味拿捏得恰到好处，是一件很不容易的事情。要达到那种闻起来臭、吃起来香的境界，卖家都有自己密不授人的秘方。

安徽的臭鳜鱼声名远扬。来到安徽，在朋友推荐的"徽三说"餐厅，终于见到臭鳜鱼的正宗吃法。成块的鳜鱼，泛着鲜红的色泽，带着浓稠的汤汁。撒在上面的葱花，和着臭鳜鱼独有的味道飘出香味。我迫不及待地夹上一块鳜鱼肉，入口的刹那，有略微的臭味，还好在我能接受的范围内。我味觉敏锐，嗅觉却略微迟钝，对我来说，臭鳜鱼就是老天赐给我的宝物。鱼肉色如白雪，用牙齿轻触，它便如蒜瓣般绽开，口感爽弹嫩滑，咀嚼之后，鲜味和香味在口中和鼻腔里弥漫。餐前吃过的酸芹菜，把我的味蕾打开，好像就是等待这个宝物的到来。厨师巧妙地用醋味去腥、甜味增鲜，突出鱼鲜的本色，使味道纯正而鲜美。一块鳜鱼下肚，觉得不够解馋，自然再吃一块，觉得还不过瘾，最后自然用汤拌米饭。米饭被称为臭鳜鱼的伴侣，餐厅的广告牌上写着："只需要嚼三口，就能溢出像米酒一样的甜味。"汤汁泡饭，香甜的米饭被浓稠的鱼汤裹着，满口都是鲜美，吃下去，肠胃被安抚，令我觉得鱼汤泡饭才是臭鳜鱼的完美吃法。它似乎应验了一句话：凡是汤汁不能泡饭的菜都是耍流氓。吃完意犹未尽，抬头看到餐厅的宣传板上写着：徽州屋檐下，三四道好菜，四五个好友，说说心里话。

在安徽，连芹菜这种本身有特殊气味的蔬菜，也被做成了受欢迎的臭芹菜。在臭味食品的制作上，找到卖点，并让周围的人喜欢，不得不佩服造味者的精明和智慧。

德国有位哲学家说过："嗅觉难以被描述，只能通过与另一种感觉相比较得出——气味的区别只在于令人痛苦还是愉悦。"太香会刺鼻，也会令人痛苦；刻意而为之的臭食，有时却令人愉悦，受人欢迎。臭和香紧密联系。如果没有对臭的认识，哪来对香的理解。虽然我们对臭饶有兴趣，但谁也不会一臭到底。臭的食物，最终都是以香或鲜来呈现。有时，让那臭味缭绕，就是为了迎接愉悦鲜香味道的到来。

青年餐厅的菜谱

　　当今中国社会变迁速度之快，幅度之广，让一些年轻人困惑。而面对现实社会的种种压力，他们选择用"佛系"和"丧"来自嘲。他们通过自我矮化、自我贬低的方式来拉低他人对自己的期望值，舒缓自己的压力，并展现生机勃勃的创造力和进取心。这一点在美食上得以体现。

　　在杭州的吴山脚下，我见到一家青年餐厅。它位于青年旅馆旁边，名为隐石餐厅，好像用"隐食"来表示年轻人隐世的无争。餐厅内做旧的装饰倒也显得寂静，桌上是有时代特色的搪瓷茶杯，餐具是过去老旧的餐具，墙上是那个时代的语录和年轻人旅游的感言。餐

牛肉爱花茶，年轻爱美味

厅里的饮品有茶，也有时尚的咖啡，现代和传统在这里碰撞。也许是对味道的记忆太深，我对这个小餐厅颇为喜欢。

点菜前，大家还在思量，各地的菜谱应该都带有当地的传统特色，杭州的菜，不外乎西湖醋鱼、笋子老鸭、油爆虾、熏鱼之类吧。但翻开青年餐厅的菜单，各式各样新奇的食材搭配让人眼睛一亮。秘制酱油虾、芝士焗南瓜、孜然土豆、黑鱼爱牛肉、牛肉爱花菜、雪菜蘑菇、冰激凌馒头片、油渣小白菜……一看就是文艺青年喜欢的融合菜，和传统的杭帮菜并无太多的关系。年轻人更喜欢与时俱进的美食，他们的想象力呈现在菜肴中，让人垂涎欲滴，彰显着他们在饮食风格上的创新与融合。

我们点了黑鱼爱牛肉、毛豆笋干炖牛蛙、干菜汤圆、鱼头年糕等菜肴，感受了一把年轻的"味道"。尤其是鱼头年糕，意想不到的食材搭配格外令人喜爱。它绵柔中带着鲜香，鲜中带点甜丝丝的江南味道，令人难忘。黑鱼爱牛肉中的黑鱼即通体发黑的财鱼，营养味美。这道菜中，食材的搭配颠覆了传统的认知，年轻的厨师们大胆地把牛肉和黑鱼一起烹制，让人们在大快朵颐时，也感受到年轻人激情四射的创造力。

七八年过去了，这家餐厅依然还在，菜谱上多了一些新菜，如红薯虾等，之前的那些菜式依然保存着。听说这家餐厅现在成了更多年轻人的美食打卡点。

如今的青年们有着浪漫主义情怀，他们对文艺、电影、音乐等有着自己的喜好，他们是现在的消费者和未来的主人。青年喜欢的美食，虽然和传统的有些不同，但却与传统融合。他们用创新向传统致敬，享受着生活的馈赠。来到青年餐厅，看着青年人的菜单，感受年轻人的食材和口味彰显的不同风格，感觉自己也年轻了。真希望年轻人在美食的世界里感受生活的真切、鲜活，在美食里和生活握手言欢，找到为自己"加油"和重新出发的力量。

人生的"见食"（代跋）

　　《食见生活》原名"见食"，蕴含见识的意思。书中用人们对食物熟悉的认知方式来解读生活中的迷茫、困惑、生死、爱和幸福等人生问题。希望在这个价值多元和个性张扬的年代，这本书能对我们的人生有所启发。

　　浙江大学社会学的徐旭初教授是我的良师益友。我们曾探讨过不少问题。我特别赞同他说过的一句话，那就是"不要停、不要急、不要怕、不要比、不要多"。"五不"涵盖了人一生的关键节点，蕴含着丰富的人生道理，言简意赅，发人深省。美食早已融入我们生活的方方面面，我从美食的角度来解读这五句话，发现它不仅透彻、直观，而且更加明了和深刻地揭示了饮食中蕴含的人生道理。

不要停，指我们从小到大，从生到死，每一天都离不开食物，因为它是我们生命延续和生存的基础，也是我们不断迈向美好生活的源泉。我们一生对美食的认识也是一样，在不停的升华中，找到可以看见生活的眼光，在不停的努力中，找到人生中的答案。不管梦想有多远，不停地前行就会离目标越来越近。

不要急，印证了饮食里的一句俗话："心急吃不了热豆腐，烫手的山药不要碰"。它告诉我们，凡事应该在合适的时候才能得到你想要的东西，一道美食也是如此。遇事太急，是因为不了解自己，更不了解对方或者客观的规律，这样自然会有"烫手或烫嘴"的不快感受。

不要怕，即年轻的时候，不怕失败。失败了，大不了重新再来。在食物上，人们习惯于熟悉的食物，觉得这样才最安全。怕鱼刺卡喉的人，永远尝不到鱼的美味，不怕才有更美的味道出现。鲁迅先生曾说过："第一个吃螃蟹的人是很可佩服的，不是勇士谁敢去吃它呢？"要品尝到更美的味道，需要我们对食物的大胆尝试，不断创新。

不要比，这句话告诉我们，人生最好自己和自己比。和别人比，要么你会沾沾自喜，要么你会垂头丧气。客观的分析和看待是必要的。就像美食，别人觉得好吃的，你不一定觉得好吃，因为"食无定味，适口者珍"，鱼和熊掌不可兼得这样的道理大家都懂。适合自己的才是最好的，饮食如此，人生不也一样吗？

不要多，是人生的大智慧。人在吃上，不吃会饿，却也要懂得适可而止，吃得太饱反而会撑死人。人生也是这样，一切够用就好。那些贪得无厌之人就是因为贪多而不懂得恰到好处，走上了穷途末路乃至搭上性命。

人生的"五不"犹如黑夜里的明灯，让我们不再纠结人生的繁杂琐事。人生太多的纷扰，其实都是自己内心的不淡定、不坦然造成的。我们懂得怎么吃就知道怎么活。本着对美食不能浅尝辄止的态度，深究美食里所传达的人生道理，才能更好地品味人生深刻而隽永的味道。

美食承载了一代又一代人的美好记忆。美食里蕴含的人生道理，简单而深刻。美食深处是爱恋，是故乡，是成长，是回忆，是希望，是世间最为厚重的"味道"。以至于我们用美食解读人生是那样的亲切而自然，通俗而易懂。

人生如戏，每个人都是生活的导演，更是生活的主角。人生如四季，平淡中感悟人生的真谛；人生有百味，起起伏伏才构成完整的人生；人生如茶，拿起和放下的姿态，就如茶叶浮起和沉下的状态。每个人都有自己的人生味道，走好每一步，才不白费；活好每一天，才无遗憾。

江城著名诗人解智伟老师，以笔下涌动的情愫，把我的美食生活写进了诗歌《人生的味道——给美食文化传播者李继强》里。诗歌所呈现的特别的美，是诗人对生命特别的感觉和发现。诗饱含了美食之美和人生豪迈的激情，体现了他对命运的思考，对生命的价值和生活的意义的思考。诗歌刊出后得到大家的好评，众多知名朗诵家倾情朗读，我很是感动和喜欢。在此附上原作，以飨读者。

人生的味道

—— 给美食文化传播者李继强

一只飞鸟

在天上布道

大块云彩落进餐盘中

于是，有了流光溢彩的五色佳肴

沾在唇边的唧啾声

总想起锅碗瓢盆的仙乐飘飘

你就是一只鸟

在美食文化中归巢

每一道菜

都有你五味杂陈的思考

每一罐汤

也是你熬清守淡的写照

在教学中

你烹饪了中国人的味道

黑板上的线条

一蓑烟雨任平生

也无风雨也无晴

都标注了你对传统文化的寻找

讲台上
你站立了中国饮食的自豪
你倔强的身影
让食材有了性格，有了温度
有了红辣椒的热热闹闹
你走上长江讲坛
盛满碗中的爱
让更多人感受到自然的美好

每一条鱼
都有出没风波的味道
砧板的碎语
一直在切切嘈嘈
一辈子起起伏伏谁能预料
尝尽万般苦
才会领略人间的丰饶
世上太多纷杂事

何劳庖丁解刀

所有的菜香
都来自一根系肉的稻草
用东坡肘子食疗
饥饿的乡愁还是治愈不了
卧听鸡鸣粥熟时
生活的虚火
用不冒烟的火苗
让人苦熬

替食神再设天宴
卸下马背上凉州的葡萄
醉在故乡的老窖
邀四海的食客
重温红潮翻腾的春醪
再模仿苏轼
仰天一笑
胸容水阔山高